一个自己的房间

Han
Meimay

韩梅梅/著

吉林出版集团 北方妇女儿童出版社

图书在版编目（CIP）数据

一个自己的房间 / 韩梅梅著. — 长春：北方妇女儿童出版社, 2013.7
ISBN 978-7-5385-7116-5

Ⅰ. ①一… Ⅱ. ①韩… Ⅲ. ①人生哲学－通俗读物 Ⅳ. ①B821-49

中国版本图书馆CIP数据核字(2013)第155449号

一个自己的房间

作　　者	韩梅梅
出 版 人	刘刚
责任编辑	金敬梅
装帧设计	lemon
开　　本	889mm×1194mm　1/32
字　　数	165千字
印　　张	9
版　　次	2013年9月第1版
印　　次	2013年9月第1次印刷

出　　版	吉林出版集团 北方妇女儿童出版社
发　　行	北方妇女儿童出版社
地　　址	长春市人民大街4646号 邮编：130021
电　　话	总编办：0431-85644803 发行科：0431-85640624
网　　址	www.bfes.cn
印　　刷	廊坊市兰新雅彩印有限公司

ISBN 978-7-5385-7116-5　　定价：32.80元

目录

你可能永远也无法知道，
为了让自己学会安静地生活，

我曾付出过怎样的努力。

一个自己的房间

一个自己的房间，
让我们从“别人的世界”回来，
不再跑来跑去，跑没了自己。

走过一段又一段人生路，经历了欲望，经历了厌倦，你会渴望有一间自己的屋子；你开始想要一段平静的生活。

仿佛所有的事情都已经看明白，
所有的话已经说完。
此刻，你只想要面对你自己。
也许有人同情你，说你这样太孤独，
而只有你自己知道：
你等这一天，已经太久了！

混乱的日子已是昨天，
现在的一切变得井井有条。

一个自己的房间，

几件熟悉、喜欢的物件，
有一个足以躺下的沙发，
有可以做饭的地方。
有植物一夜之间开花，给你惊喜。
有书籍和一盏橘红色的台灯。
为了快乐，去闻水果的味道。
足矣！足矣！

一个自己的房间，给你遮风挡雨，
给你独处的快乐。
独处，让我们从“别人的世界”回来，
不再跑来跑去，跑没了自己。

一个自己的房间，会给你保护，
保护你的心，不被外界侵蚀；
保护你勇敢地生活在黑夜里，喜悦地站立在曙光中。
心，不再游移不定，
不再去追求和争取什么，
已有的，足够好了。

一个自己的房间，会让你有地方修养自己疲惫的心。
再明白不过的道理了：
苦苦追求的东西真正到来，会把你压垮的。

正值青春年华，丝毫不惧时间流逝，不怕衰老一天天逼近。
但独处的人，会更清晰地察觉，察觉一些早该察觉的真相。

你我，不过是一个大城市里的小人物。
一个自己的房间，却让你成为世界的中心。

用寂寞的时光，来强大自己的内心

随着岁月的流逝/我的心渐渐地充实/应酬渐少/不再像年轻的时候/与每一个相遇的人分享我自己/心里有的话/也不用再把它说出来/他们来了/走了/都是一样的/只要我一个人还拥有力量/在一个夏夜爬上山巅/看成群的星星朝我涌来

——《孤独》（美）蒂丝·黛尔

一般来说，留在房间里，时间都是自己的。

曾经有一段时间，我一回到自己的房间，就六神无主。

我也曾想方设法，拖延回家的时间，哪怕是待在办公室里刷网页，或者漫无目的地在街上行走。

我怕回家，一个人回家；怕寂寞，怕那个小小的空间里，显得非常大声的冰箱的运作声。

经过了很多年，我才知道自己的傻。

那些年我所尽量逃避的时光，其实才是最好最珍贵的。

我明白了，人生的事业成功并不是最重要的，他人的认可也是过眼云烟，有一颗强大而富足的内心，过简单的生活，才是生活真意。我终于明白并接受我的孤独，学会利用原本会带来寂寞的时间，来照顾自己。

要过好自己的人生，首先要学会的，就是独处。

养花、读书、写毛笔字、练习英文、跳减肥操。每一样小事，用心去做，都很有趣。

每有一点点的感悟，我就把它记录下来，哪怕它是那么微不足道。每个月末，做一个总结，我会看到自己的改变。一行行带着自己思考的文字，尽管在别人看来，有点幼稚，但是，从那里，我能看到自己一天天沉淀下来，能看见自己的变化和成长。

敦促自己，把握好时间。

多看书，

看那些能成为自己老师和朋友写的书。

一点一点看进去，吸收掉。

多学点东西，

不要着急。

在属于自己的时间里，不需要急功近利。
面对自己，有什么好追赶和欺瞒的？

当惰性来袭，我对自己说：
再努力一下，再坚持一下。
踏踏实实地，不要混。
不知不觉地混过时间，是最大的悲哀和不幸。

不总想去逛街了。
不需要花太多时间打扮自己。
不需要说好多空洞虚伪的话。
也不需要对谁总摆出笑容。
生活，总是一如既往平淡，一如既往寂寞。
但我自己，已经在慢慢改变。

请记住：
享乐不是生活的唯一。

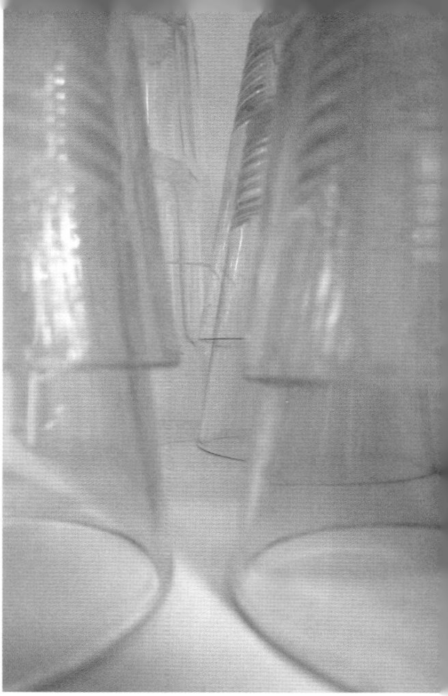

真正学会独处，灵魂会更加丰盈，内心会更加强大。
面对打击，更无所畏惧。
面对伤害，更快愈合。
面对孤独，更加从容。
不再埋怨，不再自怜自苦。
不再刻意去取悦任何人。

终于可以因为一件件小事，实实在在地开心。
能对一切充满感恩之情。
就算所有人都不爱我又如何呢?
我能微笑着善待自己。

不管任何际遇，
总能照顾和关爱自己。
毫不费力地获得幸福的人生。
这就是一颗强大的内心所能做的。

在冬天的阳光下吃橘子才是正经事

对待不喜欢的冬天，最好的办法就是
顺其自然。

这本书写在冬天。

很多人都不喜欢冬天。
冬天不是容易让人兴奋的季节。
整个世界的色彩暗淡下来。
树木凋零。
河面结冰。
城市上空，总是飘着薄雾。
太阳极不情愿地在雾里懒懒升起。
阳光不再刺眼，它变得温柔而冷淡。

一到冬天，我就不知不觉显露出乡下孩子的本色，收获的季节已过，什么都不想干，就想晒太阳闲着，东家走走、西家看看，喝喝酒、打打牌，混过这个寒冷的季节，直到过年。

对待不喜欢的冬天，最好的办法就是，顺其自然。

午后，
开着暖气，
倒一杯热茶，

放几首慢歌，
坐在阳台窗边铺地毯的地板上，
懒懒地晒着太阳。
楼下，车水马龙，也掩盖不住萧条。
阳台上，是温暖而宁静的小世界。
厨房里，慢腾腾炖着一锅牛腩汤，咕嘟咕嘟。

心无旁骛地晒太阳。
两个小时，
再温柔的阳光也能把人晒得微微发烫。
我懒得像一只猫，
恨不得要融化在这个冬天里。

突然，平静被打破。
快递员来敲门。
他递上我在网络上买的围巾和手套。
我抱到阳台上去，轻轻摸它们，指尖传来新鲜的柔软的暖和的质感，心里也跟着柔顺……
为了安然过冬，需要必要的采购和储备。
把它们都放在脚下，陪着。
很满足。

但，又好像缺点啥。
想一想。
想了半天——决心暂停一切舒适，出门去！

只是短暂的出门，没必要梳头洗脸。
也没必要穿上紧箍的内衣。
就在家居服外面，裹上一件厚厚的大衣。
帽子把乱发盖住。
围巾围上。

手套戴上。

穿上雪地靴。

出门去。

一推开单元门，刺骨的冷风扑过来。

喘着白汽走在厚厚的积雪上。

人很少。

寂寥的街道。

古枯的老树。

落雪没有声音。

雪花飘在睫毛上，不用管，它会化。

眼皮会感到一丝俏皮的凉意，整个人因此而感到愉快！

没多远。

拐个弯儿，就到了。

一个大婶儿的小摊子。

她卖水果。棚子里有金色胖大的柚子、四季常有的苹果和梨、硬邦邦的猕猴桃、又粗又壮的甘蔗，全部被冻得呆头呆脑的……

我要找的，在那角落里，一筐金黄色的橘子。

这是真正的冬季水果，整齐摆放，散发香气，偶尔挑出一个，还带着点儿绿叶。

大婶儿穿得超级厚，手臂都不能垂下来，她接过挑好的橘子，困难地转过身。

收完钱，她马上回到火炉边。

提着橘子，在冰天雪地里点燃一根烟。走着，脑子里想着家里那锅热腾腾的牛腩汤。

抬头望天，心情愉快。

开始期待天黑。

这是晴朗的一天。

别忘了，冬天的夜晚，也会繁星点点。

进了家门，用最快的速度褪掉武装。

重新回到暖烘烘的阳台。

我开始认真地，踏踏实实地，坐在地毯上，剥橘子吃。

这一天，因为这甜甜的橘子，而圆满了。

如你所见，我很幸福。

FOUR SEASONS

一月 邮差来敲门
二月 沉迷于唱片
三月 睡在季风里
四月 丢失钥匙
五月 栀子花开
六月 满园欲望
七月 跳入大海
八月 暴雨倾盆
九月 守口如瓶
十月 一个人在站台
十一月 整片的星空
十二月 未来来了

她的房间

-DTT　　作家

在这个车水马龙的城市，

有一个干干净净的女孩，

在一个人安安静静地生活。

北京的春天，一般到了下午，风会很暖和。她会开窗，让风吹进来。

然后看见，在一栋栋的大楼背后，一轮红日在缓缓降落。

这个城市漫无边际，一个女孩和一只猫，生活在其中。

我们都说她是女版的“谢耳朵”。

一个才华横溢，又对人情世故一窍不通的人。

DTT 给我的第一印象是“纯净”。

一般这种印象是最不好保持的，但是我认识她超过五年了，这种感觉一直没变。

她的脸很白净，不施粉黛就很好看，衣服也简简单单，头发很多，自然散落，干净飘逸。

我们做同事的时候，有时候她也会突然穿一件低胸的裙子，或者画一点睫毛和擦一点口红来办公室，我猜她是想换一换心情，对她说：“哇，想不到你也会打扮性感！”

夸了她，她高兴，就一把把我抱住，大喊：“我好喜欢你啊！！！”

说实话，如果有一个人这样对你表示，你很难不喜欢她！

她住在北京三环内的一个宁静小区里。小区很老，有很多树。

钻进单元门，楼道布满灰尘。

小套房里，有狭窄的厨房和洗手间。两个卧室，她和一个同样安静秀气的女同事合住。

推开右边的房门，她养的小猫趴趴会来迎接她。

有人说，养宠物养久了，它就会变成和主人一样的性格。

趴趴就是这样。

一看，它就是一只与世无争的猫。

在这个世界上，它只依赖一个人。

她有一个宜家的沙发，用一块布搭在上面。她和猫一起窝在沙发上看书。

她有很多书。

每天早上，她做丰盛的早饭给自己吃。

春天和夏天，她喜欢走路或者骑自行车上班。

飞机落地，人们总是迫不及待打开手机。

她从来不着急。

从接机人群中走过去，她从不东张西望。

这个城市里，她一个人生活。

她似乎从来不怕孤独。

雪天的夜晚，她走在路上，发微博说：

“享受和害怕，都是一个人的。”

DTT 坦承自己是一个“胸无大志”的人，如果说有什么爱好的话，那就是：吃好吃的！

我一直很羡慕她，为什么她能过着我所羡慕的那种简单纯粹的生活？不管外面的世界多么纷繁复杂，她永远简简单单，没有被物欲控制，从不情绪失控；内心安宁，保持着对好多事情的好奇和热爱，不急不躁，慢慢生活。

可是，同时，她也说，她很羡慕我的生活。

Q・你住在几楼?

A・在北京二、三环之间的一个老小区，一栋六层建筑的倒数第二层，从下面开始数。

Q・从你的房间望出去，能看见什么?

A・街道。

Q・能拍一张从你的窗户望出去的照片吗?

A・请欣赏。

Q・每天在你的房间待多长时间?

A・除了必须出门的时间，我都待在自己的房间里。

Q・你的工作是?

A・地球星队员，工作是努力维护地球和平。

Q・能描述一下你的工作程序吗?

A・这是秘密。

Q・除了工作，你怎么打发时间?

A・除了工作，我都不用打发时间。长期奔波于玩耍与晃神之间，思考最多的是，今天晚饭吃什么。

Q・你家里都放了些什么书? 介绍一本?

A・《献给阿尔吉侬的花束》。它是关于一个患有先天智力障碍的人，在两位急功近利的科学家的手术下变成天才的故事。

作者以第一人称的叙述方式，生动地展现了查理・高登从弱智到天才的心理变化。随着智商的攀升，世界逐渐在他面前变得清晰可见，而焦虑、不安、褊狭却开始与他纠缠，他发现原来真实社会是如此的丑恶不堪，人性并非真挚纯良。敏感的思绪为他带来智慧，亦带来无尽的痛苦。因为实验的不成熟，做了同样手术而变聪明的小白鼠阿尔吉侬身上出现了智力衰退的现象，高登在智力攀升至最高峰时，也不得不面对这

样一个令人痛心的事实——他又将回到那片混沌如水彩的世界里，只是这一次他清楚地知道正在失去的是什么。

这本书的作者 Daniel Keyes 是一位拥有心理学背景的创作者，另著有《24 个比利》《第五个莎莉》等描写多重人格障碍的作品，以其细腻丰富的笔触，精确地捕捉到人物内心世界微妙繁复的思维活动，带领读者进行了一次认知形态的华丽冒险。

Q・你喜欢你居住的城市吗？为什么？

A・我给现在居住的城市打四星，满分五星。因为它独特的包容性。

Q・你理想中的生活是什么样的？

A・也许永远怀抱着对于明天的期待的生活就是最理想的生活吧。未必面朝大海，未必春暖花开。

Q·生活里，你离不开哪三样东西?

A·梦想、勇气、爱!

Q·怎样做会让自己元气满满?

A·再看一遍《灌篮高手》。

Q·翻开你随身携带的记事本，念一段里面记的话。

A·“还喜欢二十岁时喜欢的香水，还戴着二十岁时的琥珀戒指，还穿着二十岁时的衣服，还喜欢二十岁的时候喜欢的那种男孩。她也许成熟，但绝不世故；她也许复杂，但并不浑浊。永葆好奇之心，永远赞叹，期待奇遇，梦想不是一个目标，而是一种气质。”

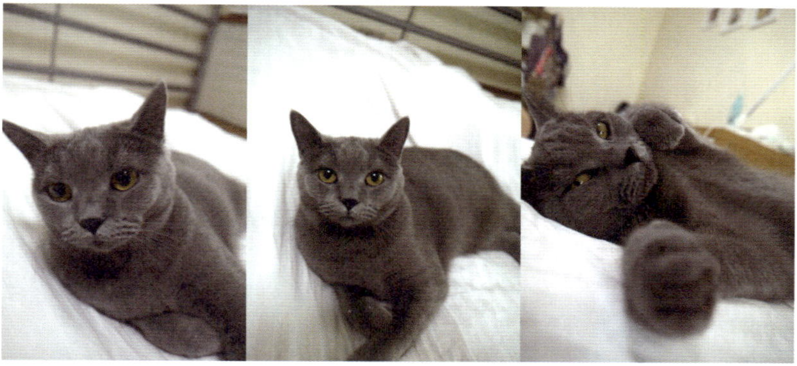

Q・一句话形容自己的性格。

A・又矫情又美好。

Q・十年前的你，在做什么？

A・十年前的我可能坐在高三教室里，看着黑板上的数学算式，想着，十年后的我会变成什么样的大人吧。

Q・在房间里你最常待的角落是？

A・台灯下的沙发。

Q・你早餐吃什么？

A・万年不变的切片全麦面包＋奶酪＋黑咖啡＋蜂蜜水，有的时候还会加一个水煮蛋。

早餐是我最爱的一餐。无论多晚，我一定会想办法准备早餐，不然我没有动力起床。

Q・你最擅长做的一道菜是？能分享一下过程吗？

A・咖喱。

把以土豆为主的蔬菜和肉类，以难熟的程度先后放进锅里，水以刚刚覆盖食材为佳，放咖喱、椰浆，煮到土豆化沙即可。一定要配白米饭。

Q・你喜欢喝什么？

A・各种茶和咖啡。

Q・一个人的时候，你最专注做得最久的事情是什么？

A・看《哈利・波特》和《灌篮高手》的时候我最专注！

Q・如果马上出去旅行，你会去哪里？

A・我想去菲律宾看银河。

Q·你多长时间换一次发型？

A·视头发的生长速度而定，人生不就是长发想剪短，短发又等留长的过程吗？

Q·你随身背的是个什么样的包？能给我们看看吗？

A·请看。

Q·你的包里经常装着什么？

A·手帕纸（必备）、笔（必备）、记事本、手机、钱包、钥匙、护唇膏、护手霜、零钱包、MP3。

Q·你手机的彩铃是什么歌？

A·《爱情的模样》。

Q·你的钱都花在哪儿了？

A·我的钱都花在看不见的地方了。

Q·今年初的计划，现在实现得怎么样了？

A·每年的计划都是要变成更好的人，我可以明年再努力。

Q·你最喜欢的季节是？为什么？你喜欢在这个季节做什么？

A·我最喜欢夏天。因为夏天有西瓜、啤酒和凉席。夏天最少女。

Q·你最讨厌的季节是？怎

么度过？

A·我讨厌冬天，我的冬天都活在对夏天的回忆中。

Q·一句能给你带来正能量的话？

A·钱钱我爱速来！

Q·说一句你的家乡话，我们好猜出你是哪儿的。

A·拉豁就拉豁，不要屁话多！

Q·晒一张你小时候的照片吧。

A·请叫我缺牙D。

Q·你做过最疯狂的事情是？

A·演唱会的时候从看台翻过栏杆跑进内场。

Q·你有几个好朋友？你最看重朋友身上的哪个品质？

A·曾经我以为朋友是因为彼此投射着相似的理念、兴趣和个性而相互为伴的，后来逐渐意识到两个人之间因为时间累积起来的“安心”才是最难能可贵的。我们或许有着迥异的服装品位、悬殊的人生追求，或者性格上的大相径庭，可仍然不妨碍我们在彼此面前放心地展现最真实最不设防的自己。

Q·生活中，你的压力大多来自于？

A·有形的压力是来自于“限期”，无形的压力来自于内心的不安定。

Q·请说说你最喜欢的一句歌词。

A·“你一直住在我心中久到变成了房东。”

Q·多长时间做一次大扫除？

A • 心情好和心情坏的时候都喜欢做扫除。

Q • 最喜欢什么动物？为什么？

A • 喜欢毛茸茸的动物，因为毛茸茸。

Q • 活到现在，你最大的人生感悟是？

A • 及时行乐。

Q • 你房间里最旧的一件东西是？

A • 嗯……咦……只能是我自己了吧，生产日期：1985-6-20。

Q • 你最喜欢什么味道？

A • 晒过的被子上的阳光味。

Q • 你养过宠物吗？讲讲你们之间的故事。

A • 我有一只生于 2011 年 6 月 24 日的巨蟹座英短蓝猫，它叫“趴趴”，是一只不太有个性，即便挨了打也不会记仇、爱撒娇、不挑食的好小猫。

虽然它每天 7 点就开始叫主人起床的监工特质实在让人有些头疼，好在周末它会稍微纵容，让它的主人可以赖床到 9 点。

它不太喜欢出门，每次不得已出门都会尽显与生俱来的鸵鸟心态，以为把头埋在主人的臂弯里，这个陌生危险的世界就不复存在了。虽然胆小懦弱，却并不代表它对外面的世界不无好奇之心，每天早上它都要跳上有太阳照射的那一边窗台，趴在玻璃窗上尽情眺望，有时俯瞰来往会动的铁盒子，有时被树枝上叽喳乱叫的不明生物引得一阵专注。

它还不太懂得享受一个人的独处，总是像片被光照漏掉的影子，贴在主人身后。洗澡的时候它守候在莲蓬头无法管辖的门口，心想着主人好勇敢呀，不怕洗澡；做饭的时候，它蹲坐在厨房门口，偶尔被主人奇怪的翻炒动作吸引，踮脚攀住橱柜一阵欢乐的鼻翼抽动。它最喜欢的还是主人靠在沙发上读书看报，它就可以趴在沙发扶手上，轻轻把头靠在主人的膝头。

它不懂为什么主人睡觉的时候要把它关在客厅，所以半夜它就自己开门进来，悄悄睡在主人的枕头上。当然它开门的技巧还不太纯熟，常常需要数次跃起用身体重量压开门把手，可这可恶的东西太过滑溜，好几次它只是徒劳无功地摔下来，留下“砰——”的动静惊醒熟睡中的主人，当然这会引来一顿胖揍。

它还小的时候，有一次主人给它喂食，不小心被它咬到了手指，所以它以后再不吃主人手里的食物。它在主人腿上熟睡翻身的时候不小心落空，当它本能地用利爪试图爬攀不致跌落时，突然想到那是主人的腿，便茫然失措地收起趾甲，像滑滑梯般地降落。

它有一身华丽的毛、一双在夜里闪闪发亮的眼睛、一只湿漉漉的黑鼻头和一条乱打主意的尾巴。

它在梦里和鼹鼠交换礼仪，它有一身不太能派上用场的礼服、一把从未打开过的晴雨伞、一只忘记时间的怀表和一支表漆脱落的蘸水钢笔。

它知道很多却要求好少，一盒罐头、一场把你困在家里的暴雨就已经足够。

Miss
You

Dr. magic
JASMINE

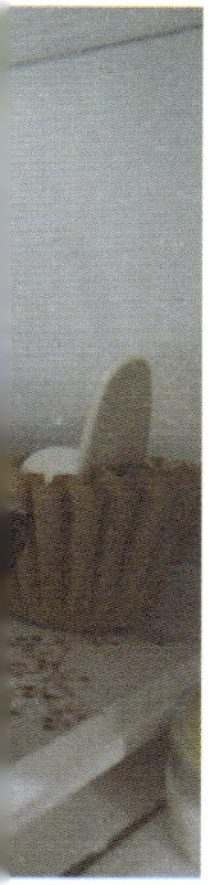

Dr.magic

它好柔软，我好坚强，刚好安慰做伴。

Q·请用一句话来定义你心中的爱情。

A·送喜欢的人回家哪里都顺路。

Q·你觉得人生最难的两个字是？

A·天真。

Q·当遇到困难和低谷时，你会怎么做？

A·等它过去。

Q·请用一句话来总结自己。

A·DTT是个好小伙。

Q·是什么让你选择留在这个城市？

A·我时常觉得，就像人和人，彼此遇见，相互陪伴着走一段路，继而告别。眷恋在一座城市里，只是因为，缘分未尽。

一本书，一本书，读出更美好的自己

你的房间里不可缺少的 20 本书：

1.《沉思录》马可·奥勒留

学会冷静而达观地生活

2.《沉默的大多数》 王小波

原来你并不孤独

3.《傲慢与偏见》简·奥斯丁

如何相爱

4.《不能承受的生命之轻》米兰·昆德拉

人永远都无法知道自己该要什么，因为人只能活一次，既不能拿它跟前世相比，也不能在来生加以修正

5.《平凡的世界》路遥

什么是生活

6.《小王子》圣埃克絮佩里

当我悲伤时，我会喜欢看落日

7.《活着》余华

活着就是接受命运

8.《红楼梦》曹雪芹

满纸荒唐言，一把辛酸泪

9.《苏菲的世界》乔斯坦·贾德

我永远是一无所知的，必须不停止地学下去

10.《边城》沈从文

小清新鼻祖

11.《荆棘鸟》考琳·麦卡洛

爱需要很大勇气

12.《心是孤独的猎手》卡森·麦卡勒斯

谁能画出孤独的模样

13.《月亮和六便士》毛姆

卑鄙与伟大、恶毒与善良、仇恨与热爱是可以互不排斥地并存在同一颗心里的

14.《围城》钱钟书

城外的人想进去，城里的人想出来

15.《聂鲁达诗选》聂鲁达

我喜欢你是寂静的

16.《穆斯林的葬礼》霍达

一个彻头彻尾的悲剧

17.《简・爱》夏洛蒂・勃朗特

女孩的爱情教育启蒙书

18.《老人与海》海明威

无法打败的精神力量

19.《宋词三百首》苏轼等

花间词、豪放派炼就一颗精致敏感的心

20.《飘》玛格丽特・米切尔

软弱是一种罪

无言

一个人待久了，会突然失去一切语言的能力，
就算心里有万种念头翻腾。
但你发现，突然丧失了，哪怕说出一个词语的能力，
还好，还有一个选择，就是无言。

周四的晚上，一位住在通州的朋友在 MSN 上问我："你家有酒吗？"
我说有。
他说："我去你家喝两口。"
我说行。
他补充："备点冰块。"
下了线，我把喝掉半瓶的杰克丹尼拿出来，发现冰块没了。
为了令朋友满意，我拿了一个盒子快速出门。
在小区外面，有一家酒吧。
我推门进去，对小弟说："能卖点冰块给我吗？"
小弟二话不说，给我装了满满一盒，还不要钱。

我端着冰块，愉快地走在月色下。
有朋友来做客，是一件值得高兴的事。
何况，我已经一个人在家闭门写作一周，好久没说话了。

没想到的是，朋友来了，冲我"唉"一声，点点头，就进门了。
然后我们相对坐在地毯上，倒上酒，放入冰块，慢慢喝。
他没有说话的欲望。

好吧！我欣然接受这种“无言的造访”，也点燃一支烟，靠在沙发上，不说话就不说话。

我们也不是一句话也不说，可能半个小时说个三两句吧。

他：“书写完了吗？”

我：“快了。”

他：“嗯。”

再过半个小时。

我：“你父亲身体好些了吗？”

他：“不太好。”

我：“嗯……”

那天晚上的酒，特别好喝。

12 点，半瓶酒没了。

朋友起身告辞。

我送他到楼下。

月光很亮。树影婆娑。

走了！
好！

我看他远去的身影，心里有些酸楚。

一个特别善良的好人。
事业有成，却一直单身。
前段时间他母亲生病离世，如今父亲也病了。
父亲在病中责备他不结婚生子。
他无言以对。
他在 MSN 上对我说：人生很苦。
我无言以对。

看着他离去，我转身回家，
心里盼望这点小酒，能给他一夜安睡。

沙发

你知道，人，容易疲倦。
当我们累了、困了、懒了的时候，就会想要有所“依靠”。
它是一个沉默、宽大厚实的朋友，默默承担，默默慰藉，让你靠。

游走在外，每当我想家的时候，必然会想到我的沙发。

有时候，沙发会召唤我回家，不管外面多么热闹，我更喜欢一个人回家，打开门，脱掉鞋，靠近它，躺下去，安静地、彻底地把自己交给它，我珍爱这样的感受。

在沙发旁边，放着一个旅行箱。这两样东西，是我生活里最重要的两样必需品，我离不开它们。

沙发上面，有阳光的味道，也有时光的味道。

沙发，总让人感觉很亲切，不管它外面华丽还是朴实。

它可以让人宁神，我一坐上去，就会浑身舒畅，感到安然。

沙发承载过我的很多美梦，也记录过我和朋友无数愉快的时光。它有着浓浓的人情味道。

回到父母家，皮磨旧了的、覆盖着鲜艳厚实棉布的旧沙发，留给我无数记忆。父母甚至能聊起买它时的那种令人难忘的心情，还能讲起我在长大的过程里，在沙发边发生过的无数小故事。

曾经从沙发缝隙里找到童年遗失的小卡片，或者一枚一元硬币。所以，它有时候也是制造惊喜的游乐园。

不止一次地，在沙发上一窝就是一整天。早上起来，躺在那里玩 iPad 吃饼干，然后在那里晒着太阳，度过一个温暖的午后。下午坐在沙发上看电视、玩电脑，或者就

是用坐、卧、侧的姿势睡觉，直到夜色降临。

你啊，就这么无所事事！——有时候自己都懒得过意不去！

然后又立马宽慰和支持自己：平时繁忙劳心，彻彻底底享受一天慵懒时光，有什么不可原谅？

行得了万里长路，躺得了一整天沙发。这不就是理想的生活吗？

T恤衫

喜欢看它们整齐地排列队伍，挂在风中。

更喜欢取下一件被阳光晒热的，马上穿在身上，

体会那刚摘下来的温暖。

玻璃窗

它是一幅画框，

有时蓝天白云，

有时暴雨将至。

牛仔裤

我的名字叫随遇而安。

记事本

总是计划着，努力着，

累着，玩着，

荒废着，反省着，

算计着，念着，

就过了。

起床气

外面狂风暴雨，

我在家里听着风雨盖着被子睡觉，

是最爽快的。

最近，我想减肥，就尝试像很多人说的那样，下午5点以后不吃饭，8点以后不喝水。

到了夜里10点左右，肚子就饿得咕咕叫。

我打电话给朋友喊饿。

朋友说：快去睡觉吧！睡着了就不饿了！

这招儿真的管用。

吃，是人生一大乐事。

而睡，比吃更舒服。

从小就喜欢睡觉。

童年的记忆，大部分都是暑假里的午睡。

阳光刺眼，知了鸣叫，院子里的人极少，家家都在午睡。

下午到傍晚，是睡意最浓的时候。

不知道有多少个下午，我都在甜甜的美梦中度过。

睡完，醒来，头脑有一点点混沌，这时，我特别渴望来一支冰棍。

小时候，我有“起床气”，可能是因为没睡醒，起来以后，无力，晕晕的，干什么都没劲，心里特别生气，不想说话，想骂人，严重的时候甚至想砸东西！

别人看你，觉得莫名其妙，谁也没招你！

我们院里有一个小朋友，每次睡午觉起来之后，都会在床上拳打脚踢一番，他妈妈笑称：“每次都冒着生命危险叫他起床。”

但是起床气很容易过去。

过一会儿，我走出家门，或者掬一捧凉水洗洗脸，就缓过来了，心情就好了。

长大以后，仍喜欢睡觉，尤其是睡在刚换洗晒干的床单被罩里。

夏天的晚上，喜欢开着窗户睡觉。

早晨一睁开眼，就看见窗外的云。

有时候，外面狂风暴雨，在家里盖着被子睡觉，听着外面风雨大作，是最爽快的。

睡觉的时候，两腿中间夹着被子，或者枕头，或者是爱人的腿，反正有样什么东西，稍微压迫一下腿部，会感觉更舒服。

这种感受，很多人都说喜欢。

我经常做梦笑醒。

醒了还在笑。

笑醒之后，恋恋不舍，继续闭上眼睛，希望美梦继续。

有时候，还真的能够接着做下去。

当然，每过一段时间，就会哭醒一次。我把它视为一种无心的压力和情绪的释放。

睡觉磨牙的人，自己永远不知道。

有人会被自己的鼾声吓醒。

有时候，做噩梦了，会在梦里告诉自己：没事，只是做梦而已，醒了就好了。

做美梦的时候，很舍不得醒。在半梦半醒之间，告诉自己：坚持住！坚持住！

喜欢睡觉的人都知道，睡多了，头会痛，脸会涨，但还是喜欢睡。

喜欢赖床。醒了以后，睁着眼睛东看西看，脑子里天南海北。赖床的时候，喜欢胡思乱想。什么都想，毫不相关的事情可以自由跳转。想昨天的事、明天的事，还有一些已经忘记又突然想起来的事。想得最多的就是“再躺五分钟就起”。

后来听人说，睡醒的时候的心情，反射出你对生活的满意态度。

想想，还真是那么一回事。

一个醒来就很快乐的人，那他的生活里，一定少有烦心事。

二十出头那两年，我醒来就郁闷，心里似有一块大石头压着，那时，我正在经历一场无望又痛苦的恋爱。

还听说，一醒来想到谁，那个人便是你最爱的人。这个倒不太准，我每次醒来，想到的人都不太一样，有时候是阿尔·帕西诺，有时候是郭德纲，有时候是门口卖泡芙的那个小女孩。

不知你是不是也有这样的体会：

长大以后，“起床气”少多了。

个中原因，可能是因为远离了父母，没人可以包容你，让你莫名撒气发怨的人不在身边。

所以现在看见起床后穿衣服被毛衣套住脑袋找不到出口就发脾气的小孩，我总是在笑后感叹：连“发毛”都成为美好回忆时，我们真的己经开始慢慢变老了！

房间里的声音

滴答、滴答、嗡嗡、嗡嗡、哧哧、哧哧、丁零、丁零、噼里啪啦、咕咕、咕咕、哗哗、哗哗、嗒嗒、嗒嗒、咣叽、咣叽……

这是生活的声音。

我迷恋一切房间里我的耳朵能捕捉到的声音：

- 钟表走动的声音
- 植物生长、凋落的声音
- 冰箱的嗡嗡声
- 肚子咕咕叫的声音
- 火焰舔舐锅底的声音
- 浓汤的咕嘟声
- 洗脸水的哗哗声
- 半梦半醒之间的电视声
- 蚊子振动翅膀的声音
- 可乐被打开的气泡声
- 翻书的声音
- 敲击键盘的声音
- 电话的铃声
- 雨点敲在玻璃窗上的声音
- 飞机从天上经过的声音
- 自己耳鸣的声音
- 小猫小狗的叫声
- 妈妈炒菜的声音

- 毛衣静电的啪啪声
- 满足的饱嗝的声音
- 爱人的呼噜声
- 楼上小孩的跑动声
- 收音机里传来的歌声

她的房间

— 樊瑶　　装帧设计师

理想生活

就是常有忙碌，偶有清闲。

冬天。

这个季节，适合去当个旅人。

但是樊瑶却喜欢坐在自己家里的阳台上，透过18层楼的落地窗，看外面那个小小的公园，如何有风吹过，如何被雪覆盖……

她是一个昆明人。

为了和爱人在一起，生活在寒冷的北方。尽管结了婚，但她拥有一个属于自己的房间，她在里面工作、喝茶、吃糖、看书。

她是一个图书装帧设计师。我们长期合作。

刚开始，年轻女孩子的迷迷糊糊、马马虎虎、随心所欲、不时出错，不止一次把我气得话都说不出来……但是，她认错快，很努力，又有灵气，很快做出了成绩。

现在，她很忙。

每天在家工作。累了，或者需要见客户，就提着电脑去坐车，进城。

完成了工作，她会专门坐车去蓟门桥吃一碗螺蛳粉，或者去鼓楼吃一块芝士蛋糕，再去逛一下三联书店。

然后，夜色降临，她愉快而满足地汇入城市归家的人潮。

我很难忘一个冬日，去她家做客。

她的家，温暖明亮。她用心布置它，把墙刷成了令人内心宁静的灰蓝色，有很多书和设计画册，还有一个十分适合靠在上面看书的大沙发。

客厅里定制的那张沉得挪不动的大大的餐桌告诉我，她是那种追求长远的、深沉的幸福感的人。

远方的姑姑寄来了辣子鸡，她再搭配一桌好菜，我们吃得很过瘾。

吃完了饭，吃水果，然后几个女孩窝在沙发上盖着毯子看电影，看着看着，我睡着了。

睡醒了，天也刚好黑了。

我突然想在她家洗个热水澡。于是她递上了干净的大毛巾。

在云蒸雾罩、血液畅通之后，用她的瓶瓶罐罐擦脸，吹头，走出去，神清气爽——她们的电影刚好看完！

就是从那天开始，我迷上了她的家，总想着她能再次请我去吃饭。

一个家，不一定要装修豪华，也无所谓楼层地段。

重要的是舒服，让主人舒服，让宠物舒服，让客人舒服。那就足够了！

Q・你住在几楼？

A・十八楼，顶层。

我和十八这个数字很有缘，生日也是这个数字。

Q・从你的房间望出去，能看见什么？

A・一个大公园，楼前没有任何高物遮挡。那里树木林立，四季的颜色因这些树变化而变化，从嫩绿到金黄，在眼前安静地过渡。

不远处，向右斜望有一个白色电视塔。夏天绿意浓时，塔和透到木地板上的阳光，在我眼里组成一张绿白色的照片，惬意宁静。

远处，新住宅楼不断在建。这边是一个世界，那边是另一个世界。

Q・拍一张从你的窗户望出去的照片给我。

A・请看。

Q・每天在你的房间待多长时间？

A・因为 SOHO，不外出的话，几乎一整天都待在这里。

Q・你的工作是？

A・图书装帧设计师。

Q·能描述一下你的工作程序吗？

A·每当开始设计一本新书，我会先去找灵感，会拿上一张白纸涂涂画画，会翻看一些设计书和杂志，其实这个过程也当消遣，一旦感到灵感来了，就转到软件进行尝试。

这种感觉很像在演一部正慢慢进入情绪的戏剧，一开始觉得怎么演都没错，最后才知道只有一两种表演形式才最合适。

Q·除了这个，你还做过些什么工作？将来还希望做些什么？

A·误打误撞地做起了书装设计。

之前进过出版社。那时觉得自己很不幸，因为一直梦想进大广告公司，想象端着咖啡谈创意的生活。但后来觉悟了：每个人的才能其实一开始就被安排好了，努力顺着轨迹走，运气就会越来越好。慢慢接近了真正想要的生活，才发现“广告行业”有多么地不适合自己。

以后嘛，设计衣服，用最简单的款式，有巧思的剪裁加上颜色淡雅的织布，做自己想穿的衣服，总有一群人会懂你的理念，喜欢同样美好的

事物。我的淘宝店铺地址：http://lemon-lemon-lemon.taobao.com/shop/view_shop.htm?spm=a1z0e.1.10010.4.s4e8ti（部分款式见右手页）

Q·你家里都放了些什么书？介绍一本？

A·房间里有一个大书柜，尚未放满。除了玄幻、恐怖类，基本种类也都有了，小说、散文、旅行、心灵、设计类的都有。

喜欢舒国治的《理想的下午》。“关于旅行，关于晃荡”的文字，随意翻阅几页也觉如默片电影中的街道小径深邃通幽，又如一杯冬日暖茶伴着阳光正好。

比如这段：

“理想的下午，有赖理想的下午人。这类人乐意享受外间。乐意暂且搁下手边工作，乐意走出舒适的厅房，关掉柔美的音乐，合上津津有味的书，套上鞋往外而去。”

Q·你理想中的生活是什么样的？

A·理想生活是常有忙碌，偶有清闲。有满足、有希望。

Q·什么是你生活中必不可少的东西？

A·一首旋律好听歌词又恰好适合心情的歌，一部俗套又会流泪的电视剧，一餐

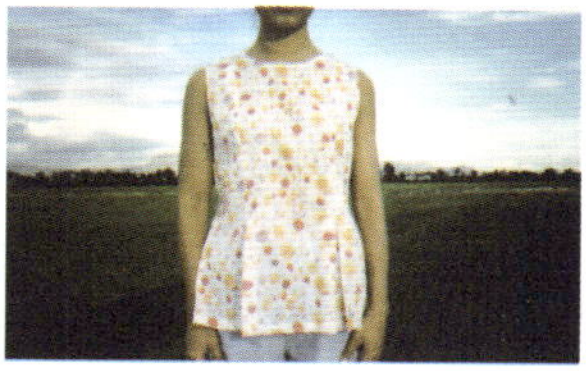
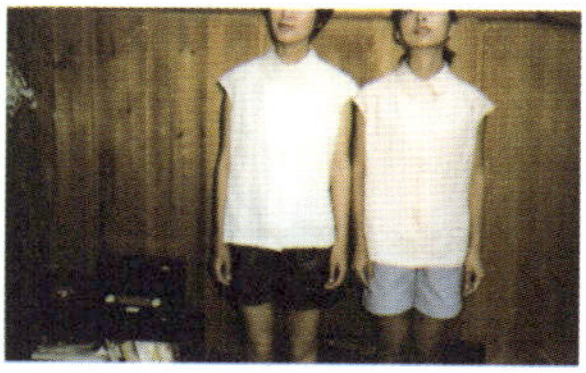

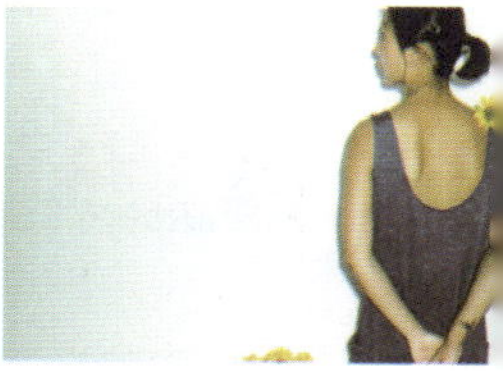

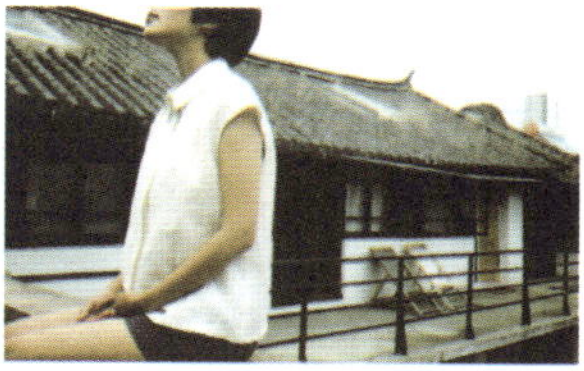

WAFERS

Green

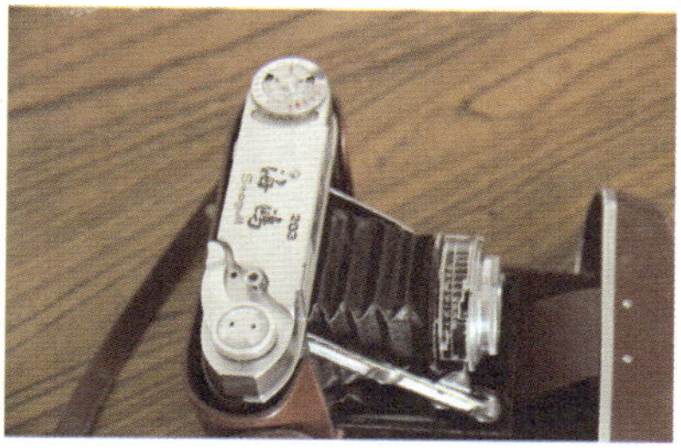

想念很久的家乡饭，一群在一起就变成小朋友的朋友，一个值得依靠的爱人，一杯热水，一个拥抱，一场倾诉所有的聊天， 一个笑容， 一句“你的设计我好喜欢”！

Q·请介绍你房间里，你最喜欢的两件小东西。

A·一个是爷爷给我的海鸥牌老式照相机，红棕色的皮质外壳，打开后按一下按钮，镜头会往外伸的那种，它被保护得很好，旧但不破旧，在爷爷年轻时的相册里能看见它被挂在胸前。

另一个是在青岛一家离海很近的杂货铺买的一束颜色漂亮的仿真浆果花，当时它配了一个简单的圆形玻璃瓶，也被我一起买下来了。放在木头餐桌上，整个房间都亮起来。

我很喜欢它们，一看再看仍会怦然心跳。

Q·在房间里你最常待的角落是？

A·工作台前，基本上屁股一着椅子就是一天。

工作台右边有一扇窗户，这扇窗户兼具各种功能，天气报告、时间报告，有时候还有心情报告。

Q · 一句话形容自己的性格。

A · 莽撞人。

Q · 多长时间搬一次家？搬家的心情和体会？

A · 我已经可以不再为这个可怕的问题烦恼了，但有时走过那些住过的楼下，还会往原本熟悉的楼层看一眼。若是晚上，我会留意有没有灯光透出来，就会想现在是谁住在原本属于我的小小空间里，被布置成了什么模样。

曾经半年到一年搬一次家，那是一段别人觉得你很辛苦但自己又浑然未觉的时光。

Q · 你喜欢喝什么？

A · 鲜榨果汁，任何果汁都喜欢。

Q · 你的钱都花在哪儿了？

A · 衣服吧。但 SOHO 的苦恼就是：买那么多衣服没太多机会穿出去。

喜欢逛杂货店，碰到心仪的小东西会立马买下。

Q·如果马上出去旅行，你会去哪里？

A·台湾。

平溪铁道线、三仙台、陈绮贞歌曲里的九份、台北 101 大楼、诚品书店、环岛骑行、垦丁海边的日出日落、各大夜市上的小吃、各个景点的邮戳收集……

Q·你喜欢看什么杂志？

A·《360° Design》。

Q·你随身背的是个什么样的包？能给我们看看吗？

A·我大大小小的包很多，每次出门都会因穿了什么样的衣服来定背哪一个。

Q·你的包里经常装着什么？

A·手机、钱、公交卡、纸巾、笔、便签本，最近还会带一只正红色的唇膏。

Q·你早餐一般吃什么？

A·SOHO 对身体无益。

不忙的时候会睡到 12 点。

吃的话，家里有什么吃什么咯。

Q·你随手画过什么吗？给我们看看？

A·请看。

favori

Q·说一句你的家乡话，我们好猜出你是哪儿的。

A·我太想克甩个大碗米线啦。

Q·你有几个好朋友？你最看重朋友身上的哪个品质？

A·我有两拨好友，昆明一拨，北京一拨。

真诚是他们共有的品质。

Q·你的面霜是什么牌子的？牙膏呢？

A·面霜是契尔氏的，牙膏是佳洁士。

Q·请介绍你房间里，你最喜欢的两件小东西。

A·一个身高 75cm 的木质匹诺曹，头戴红色的帽子，穿着红色的上衣、绿色的裤子、黑色的鞋，头、胳膊和腿可以活动。

还有两只身长 50cm 同样是木质的猫咪玩偶，身板挺直，眼睛有神，气质非凡。

Q·你最喜欢循环播放哪首歌？

A·雷光夏的《发光房子》。

Q·多长时间做一次大扫除？

A·一年，洗被子、擦窗户、清洗大件家电，非常累！

但每周都会小扫除啦。

Q·你的伞是什么类型？什么颜色？

A·比普通伞要大一圈的伞，绿蓝格子。

Q·你最喜欢什么味道？

A·茶味，虽然也分不出茶的好坏，但闻着茶香，看着冒起的热气，不论晴天还是阴天，都是好天气。

Q·能推荐一部电影给我们吗？讲讲它的故事和你的评价。

A·《蓝色大门》。

"'留下什么，我们就变成什么样的大人'。我这儿的夏天刚开始，但感觉又要过完了，我还什么都没有做，什么都没有留下，大概只有对下一个夏季的期待是能留下的。"

——这是刚看完这部电影时写下的

Q·请用一句话来描述你心中的爱情。

A·夏天车后座上载着爱情滴下的汗水，冬天大风天夹着爱情的胳肢窝。

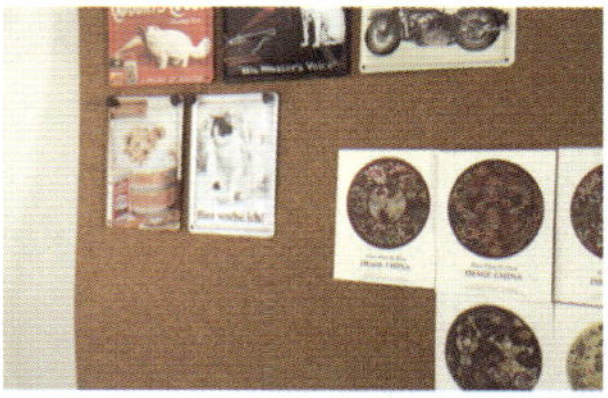

Q·给我们介绍一件你的旅行纪念品。

A·在西班牙科尔多瓦老城闲逛时，被一家精致的手工艺店吸引，橱窗里正坐着已来到中国的红裙西班牙女郎。

Q·你养宠物吗？讲讲你和它的故事。

A·我有一只叫瑞格的白色小猫，黑色的鼻子，瓦蓝瓦蓝的眼睛，很乖很黏人。

它喜欢我抱它。它看不见人的时候会喵喵叫，然后我轻声叫它的名字，它就会马上来蹭裤脚。它总在电脑前陪我。有时候也捣乱，趴在键盘上睡觉或是踩下 ABCD 发给我正在聊天的人。更可爱的是，小憩时，它会趴在我身边把头枕在我的腿上，稍有动静就睡眼惺忪地看我。

特别值得表扬的是它从来不摔东西。

Q·上一次和爸妈在一起吃饭是什么时候？

A·2012 年初的时候了。

Q·晒一张你小时候的照片吧。

A·请看。

Q·请用一句话来总结自己。

A·固执又糊涂。

Q·说说你最难忘的一次旅行。

A·西班牙之旅。在旅行结束前第三天，把护照、相机、手机、一路的票根、写好的明信片、钱包一并丢失。最后不得不放弃原本返程的机票，留下来办旅行证，行囊空空地从巴塞罗那坐火车往返马德里，遇上很多帮助我的人，给予鼓励才让我渡过难关。

一个人独自晃荡马德里的大街，品尝正宗的西班牙海鲜饭；回到巴塞罗那又去了原本以为要遗憾收场的高迪教堂；去了海边，喝了橙汁吃了面包，踩了地中海的海水，补了些旅行照片。最后买到便宜的卡塔尔航空航班，回程算是相当享受。旅行因为突发事件变得更加难忘。

Q·是什么让你选择留在这个城市？

A·一开始只为爱的人来到这里，现在又加上工作带来的成就感留下来。

Q·来个自问自答。

A·如果房间阴冷怎么办？

加件衣服，握杯热水，听一首温暖的歌。

少睡一点

年轻人，少睡一点，不会死。

有没有一件事情，你想做很久了，但你总说：没时间。
或者有一本书、一个电影，你想看很久了，但还是没时间。
但是，好好想想。
如果做到了早睡早起，怎么会没有时间呢?

小学的时候，老师就对我们说过：早睡早起，身体好。
长大以后，早睡早起，为的是能拥有更多的时间。

我自己是一个很懒很懒的人，
尤其现在做着自由职业，
就更管不了自己。
越放纵自己，越懒。
懒惰的一个标志就是——总是觉得自己没睡够。

每天睡十个小时以上。
越睡越想睡。
整天都是不清醒的。

反倒是，某天因为一件事情需要挣扎着早起，
会发现，刚起床的时候很痛苦，但是一整天，精力十足。

为了做到早睡早起，我试过很多方法，也经历过很多失败。

后来我坚定地告诉自己：
1. 身体健康，高于一切。
2. 少睡一个小时，就多出一个小时的人生。

一件看似微不足道的小事，
经过多次的反复，终于坚持下来。

1. 晚上十点半之前，必须关掉电脑。不能做任何娱乐的事情。可以看书。
2. 不要胡思乱想，睡个有质量的觉。
3. 坚决听从闹钟指挥，一个闹钟不够，多用几个，放在不同的地方。
4. 闹钟响了，马上开灯，马上拉开窗帘。
5. 起床动作一定要干净利索。
6. 只要想办法让自己跳离了温暖的被窝，就不会再想回去了。
7. 找到一个 morning call 的朋友，天天电话监督。
8. 起来后用冷水洗脸，会让自己神清气爽。
9. 每周拿一天来放纵自己，睡到自然醒。

刚开始，会很不舒服，很不习惯。
后来，渐渐习惯了，但一不小心，就会反复。这个时候不能有一丝松懈。
最后，不经意间，养成了习惯。
每天，一到那个时候，就醒了。
不再痛苦。

所以，不要想太多，去做到就是了。
一天天地做到。
早就看过科学证明，

我们的身体并不需要睡那么久。
少睡一点，不会死。

有些事情，如果你不逼自己一把，你永远无法知道改变的快乐。
改变了自己，
一切都会随之而变。

窗帘

找房子，
一定要找一个有大窗户的，
什么都好说，一定要有光。

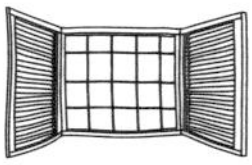

租过房的人都知道，你和房间之间，也讲缘分的。
有时候，花很大力气去寻找和争取，却始终不尽如人意。
但有时候，只需要打开那道门，你就知道那将是你的家了。

一定要有窗，
才能享受拉开窗户、微风吹来的恬淡，躺在床上就能看见蓝天白云。
然后去买个窗帘。
窗帘装上的那一瞬间，才得到了莫名的安定。

窗帘，是一道温暖的围墙。
拉开它，阳光像失控的水，倾泻而下。

我喜欢素色的纯布窗帘，用手触摸到它的时候，仿佛也能摸到生活实实在在的纹理。

有好多不同颜色的麻布窗帘，红、绿、紫、咖啡色，还有深蓝色，隔段时间换上一幅，带给我不同心情。

深蓝色的麻布窗帘在挂上之前，会很怀疑它的效果，但是只要挂起来，马上感觉不同，很难讲清那种感受，总之，白天看着舒服，晚上拉着挡光，可以睡得深沉。

窗帘，同时是你的盔甲。

把它关起来，就与世隔绝，你与外界无法互相访问。

拉上窗帘，你可以自由哭泣。

牙膏

刚开始会认为它总也用不完，
很快，
需要使劲挤，
才能得到一点点，
就像时间。

电视机

日光底下无新事。

冰箱

生活，

在我浴室的歌声里，

在我的大冰箱里。

厨房

我做了一碗豌豆饭，

味道很好，

好到很想与全世界分享。

空房子

他腾空了自己的房间。
空了。

设计师马尔因为一幅想象力纵情驰骋的作品获得国际大奖。他的作品让人大吃一惊。人们在街头巷尾纷纷议论着他，一张十分英俊的大幅照片被印在杂志封面上。

突如其来的荣誉使马尔感到头昏目眩，颁奖仪式举行那晚，他穿着简单的衬衣蹦上台去，眯着眼睛把头凑向话筒不紧不慢地说：从小时候开始，男人想要得到某件东西，就会拼命去争取，一旦他得到，就不再喜欢它！

掌声、嘘声一阵阵滚滚而来，他手持奖杯大步下台，突然感到脑袋轻飘飘的，几乎就要栽倒。

第二天，他招了辆出租车去医院，那天中午烈日炎炎，尘土飞扬，时钟指向两点。

墙上四点的钟声响彻整个房间。

医生用慈父般的目光看着他。

他垂着头，感到浑身发冷，比任何时候都显得弱小和孤独。

这时候和昨天的颁奖夜对比起来，形成莫大的讽刺。

马尔身上残留着医院带出的强烈味道下了出租车，站在十字路口等待红绿灯。

汽车轮胎碾过、马达的声音、自行车按铃、钥匙扣在裤腰撞击、有人正在接听手机……马尔感觉到整个世界，悬挂在他们头顶上的巨大的命运正像乌云一样压下来。

他没有向前走，而是向右转，步行穿过一所大学。

大学显然安静多了，只有十几只篮球在场上蹦弹，他觉得眼睛干涩，胸腔阵阵发痛。路过了一座著名科学家的雕像时，他停下来仔细地擦了擦它的脸，这个科学家已经去世好多年，是他喜欢的。

雕像脸部的线条十分坚硬，被灰尘弄脏了，耳朵眼里居然跑进了一颗草籽和细小的飞鸟的粪便。马尔认真地伸出手，把那些褶子里的污物挑了出来。

第二天早晨，马尔一醒来就被一种沉重的忧郁感攫住，胡子又长出来了，爬满了脸，似乎能听见它们簌簌生长。

从房子的窗口向远处望去，一辆辆汽车在阳光中无声地缓缓流动。

他真正体会到了悲哀的滋味，他一向讲求实际、努力工作，而此时，他的脑海里浮现出的却是，若干年后的一个陌生的山头，自己躺在湿润的泥土下面，躯体已经和昆虫的翅膀以及树叶草根混杂在一起。

而那时，这个窗外，一辆辆汽车仍会继续在阳光下无声地缓缓流动。

这样的情景促使马尔马上做了一件事。他掀开笔记本电脑，发出了十几封措辞谨慎、充满温情的 E-mail，信中没有提死亡的事，他不想让别人知道，因为他生性腼腆。

这十几封信，都是发给女人的。

过了一段时间，他只接到了一封回信，她说很快就回北京看他。笼罩着他的黑暗突然被一道光线冲破了。

过去的时间，除了追求事业的成就，马尔充分享受过人生的乐趣，对于感情他总是出手阔绰，听从本能的需要让不同的女人分享，他在她们中游刃有余，并且遭到女人的记恨。

最终，她们都从他身边溜走了。

这个差点成为马尔前妻的女人正坐在飞机上穿过云层，马尔双手垂在膝盖前，坐在空荡荡的候机室里，他们同时陷入沉思。

他们曾有过同居生活，她曾经苦苦哀求马尔给她一段婚姻生活，但马尔在她面前低头抽烟，一言不发。她并没有气馁，继续哀求了一周时间，对马尔来说，这是非常痛苦的一周，他相信她也是。

第七天，她终于绝望，收拾了行李去南方。

于是她飞走了，在飞机场，她非常伤心地向他挥手告别，眼睛里满是泪水。

在她离开的时间，马尔给她写过信，把和他有过亲密关系的女人的每一段纠缠都非常坦白地告诉了她，她不置可否，也没有回过信。

马尔看她走下飞机，南方的阳光和海风使她显得更加瘦小，皮肤黑黑的。

马尔非常歉疚地对她张开了双臂。

他们在机场拥抱，距上次分手，已经三年。

重新抱着被命运分隔开的恋人，马尔感觉到她的瘦肩膀和记忆中的一模一样。他吻了吻她的头发，觉得这个女人无疑是他生命中最重要的。

在她所曾经熟悉又变得陌生的他的房间里，他要求她和他再次相爱，这使她大吃一惊，轻轻一抖，手中的小勺跌在咖啡杯里。

这些年，我一直在思念你。马尔听到自己在说这些话时，语调诚恳得有些过分，显得可怜巴巴。他自己都吃了一惊，因为他并不经常向女人撒谎。

她装作漫不经心，微微掀动了一下嘴角：马尔，我已经结婚了。

她拒绝告诉马尔结婚的对象是谁，语气非常冷淡坚决，她脊背挺得很直，光溜溜的脖子发出圆润的光泽。

这情景和三年前截然不同了，马尔感到很悲切。因为是他先离弃了她，所以不能怪她如此苛刻。

还有可能吗？

他僵硬地坐着，一时找不到恰当的话，然后说："我真的一直没有忘记你，曾经，有时……有时候我觉得你是我生命中最重要的女人。"

显然，她已经被男人和经历磨炼得机警，听了马尔的话，脸上浮现出讥讽的笑容。

"别开玩笑了，马尔！

"这三年中，我经常把别人的背影当作你……

"但是，两年后，马尔，我学会了不用挑剔的眼光去看男人，于是你很快在不同的好男人中落后，你太脆弱，还那么骄傲。过去的生活很快在记忆中显得乏味和愚蠢，女人只能在遗弃事件中成长，一切都变了……"

女人咬咬嘴唇，起身告辞，行动迅速，带着笑，嘴唇笑出了裂纹。

窗台上的玻璃瓶子里，她的身影在慢慢地走远。

她回到香港以后，又把马尔给她的信看了一遍，全是他对他们过去生活脉脉含情的回忆。

那是一个周五的下午，她真的什么也没看出来，把鼠标移到"永久删除"键上，很轻易地，就把那些关于过去的文字删除了。

然后她把电脑关上，决定不再去想这封信。

她走出办公室的时候，空气十分闷热，一阵急雨铺天盖地地扑来，人们都没带伞，纷纷把手包放在头上，拎起裙子向渡轮跑去，她也那样做了，淋得湿透，很快就被夹在一群黏糊糊的人当中。

船开动，有近半个小时的时间，她靠在栏杆上，看着灰蒙蒙的海面。

她对马尔撒了个谎。

她并没有结婚，三年来，她一直住在一个很小的公寓里。之所以告诉马尔自己结婚了，是因为她觉得离别就像遗弃。她非常清楚当她站起身来，给他远去的背影，对抛弃到她身后的人来说，那一定是一场无情的宣判。

她就是要，一定要让马尔心中涌起这种被遗弃的感觉。

而就在那个周五的下午，她站在渡轮上想念马尔的时候，马尔在北方，他趴在沙发上，觉得被自己的呼吸包围了，感受到自己的皮肤传递到沙发褶子上又返回来的温暖气息。在过去，他并不觉得皮肤的存在，现在似乎第一次有了知觉。他无法想象她在南方的情形，也不知道她在想他。两个人只要一分开，若不是有记忆，就跟不存在一样。

外面在下雨吗？他想。

没有关严的窗户和被撩起的窗帘下的风证实了他的猜想，他没有睁开眼睛，安安静静地趴着。从上午开始，他就一直保持这样的姿势。

海水不断地翻涌，泛起白泡沫，陆地上耸立着的整齐的建筑越来越近，她站在船舷边望着远方。

马尔在北方，我在这里，他能知道我在这里想他吗？

死之前马尔体会到回忆的重要，可回忆又有什么用呢？人们一个接一个地死亡，生命最终就是抓不住的回忆。爱情看似寻欢作乐，愉快的刺激，其实是为了摆脱这几十年中从未脱离血液的空虚。

可有一些时候，现实生活把人们置于特殊的保护下，使他忘记了死神的存在。

他真的忽略了？

他们总是认为前面是光明的前途。这些人啊，当幡然醒悟，只能默默哭泣。

你看吧，过了几个月，她就又开始关心她自己了，去北方见马尔的事除了最初几天影响过她的情绪外，现在已经淡化，她竟几个星期都不会想到一丁点儿有关他的事。

说真的，再怎样深厚的感情都会转眼失去光彩。

不是她有意这样的，是只能如此。

在治疗的晚期，马尔害怕关灯睡觉，他害怕夜晚，灯光熄灭的瞬间，他体验到一种极深的恐惧，以及这种恐惧带来的悲哀。

这种悲哀时常难以抑制，他不得不有节制地哭一场。

男人偷偷哭泣的时候，当然那是夜里。在香港，她已经疲倦地躺倒在南方潮湿的空气中。

在那个极小的房间里，短暂的一天又在漆黑中结束，她四肢贴在床单上，从睡姿看就是一个忙碌的女人，虽然孤独，却无暇做细腻的思考。工作太忙，她需要多做些实际的事情，以便若干年后给自己买一个安身的、能只坐地铁就到公司的房子。

媒体都在传说和猜测，马尔拒绝别人的来访，有推脱不掉的，就邀请人到家里来。

记者们看见马尔的房间所有的窗户都被打开了，那里面渐渐什么也没有，只放着一把空椅子。

他已卖掉这个房子，但不知该如何处置那笔钱。

他腾空了自己的房间。

空了。

马尔坐在空房间里，他含着泪花说：时间太不够了。

他在说这话的时候，在香港，她正拎着一个袋子去购物的路上，行色匆匆地走路（想的当然不是他），一条狭长的街道，阴沉沉的墙壁上布满了青苔和污垢，天空横躺着大朵的白云。

此时此刻她不知道马尔在想她。

她路过广场，突然觉得广场冷森森的。她听见一声惊呼，原来是一只风筝断了线，正飘飘摇摇地，向地上栽去。

时间太不够了。

马尔在最后一次接受记者采访的时候留下了这句感叹，这是他的最后一句话。

那个记者是个勤奋的小伙子，他很忙碌，下午还要去参加一个发放红包的新闻发布会。

他匆匆地关上录音笔跟马尔握手，后来整理录音时，他没在意，就把它删了。

马尔去世后，她在报纸的一个小角落看到了这个消息。

她的后半生一直在南方度过。

她结了婚，却一直被孤独感折磨着。

可是无论如何，生活仍在继续，跟马尔在北方的时候一模一样。

她的房间 — 刘欣 咖啡师

理想生活是：简单又朴素，心安理得不虚度。

她是一个刚大学毕业的女孩子，现在在咖啡馆工作。

她喜欢画画，曾经的梦想是念美术学院，但是，听从了老师的“好心”建议，她选择了日语专业。

后来，她想去日本留学，但父母不放心，她就没去。

好多事，都由不得自己选择。

她说，目前最大的遗憾就是这两个。

但这并不妨碍她做一个快乐的人。

她率真、自然，

经常独来独往，

坐在公交车里思考人生。

阳光洒在她的脸上，她真的在用心感受。

她是一个从来不拧巴的人。

就算寂寞，也是舒舒服服的寂寞的那种人。

在一个人的世界里，怡然自得。

从咖啡馆下班之后，她画画，在家里做手工。

工作一段时间之后，她准备辞职，去考研。

不管做什么选择，她想要的充实生活，就在自己的手上。

Q · 你住在几楼？

A · 四楼，我的房间朝北，常年缺少阳光的恩泽。

Q · 从你的房间望出去，能看见什么？

A · 从来没有被修剪过的疯长到四楼高的北方常见槐树，夏天从窗户伸手就能摘到紫红色的槐花。

一栋在冬天为附近大片区域供暖的超大锅炉房，烟囱的高度无论如何都会被收进照片中。

晚上看不到月亮，白天得去别的房间光合作用。

Q · 拍一张从你的窗户望出去的照片给我。

A · 请看。

Q · 每天在你的房间待多长时间？

A · 除了睡觉，会有超过四小时待在自己的小房间里。

Q · 你的工作是？

A · 咖啡师。

Q · 能描述一下你的工作程序吗？

A · 10:00—11:00 来到咖啡馆

打开咖啡机预热→打扫卫生→浇花

→查漏补缺

11:00—22:00 开始营业

接待客人，按照客人的需要制作饮品；

时时留意客人的需要；

及时弥补工作上的不足和疏忽。

客人离开后进行清洁打扫；

核对账目；

下班前再次核对账目，完成必要的交接事宜，注明需要第二日补足的货品。

22:00 下班，一天的工作结束。

Q·除了这个，你还做过些什么工作？将来还希望做些什么？

A·事业单位实习过，了解些公务员的工作。

未来要不断学习，希望能翻译有趣的书给更多人看到。

Q·除了工作，你怎么打发时间？

A·跟进喜欢的动画、漫画，做手工。

Q·你家里都放了些什么书？介绍一本？

A·杂文、游记、小说都比较多，最近很喜欢看描写大自然的书。

推荐米·普里什文的《大自然的日历》。

“我常听人说，蘑菇若是被人眼看到，似乎就不再生长；我做过多次考察，蘑菇还在生长。我竟还听说，鸟蛋若被人眼看到，鸟就会另搬地方；我又做了次考察，鸟儿天真得很，不会疑神疑鬼……但是有一次，一个小孩用成人的目光看了看我，我就似乎觉得那是罪恶本身在看我。倘若让这目光一看，蘑菇倒是会不再生长，鸟儿会搬走鸟蛋了。大概也就是因为这个缘故，当杜鹃飞来，一批批陌生人丝毫不懂创造万紫千红的温暖季节的艰辛，涌到林中来的时候，我心中多么地不自在。”

Q·你喜欢你居住的城市吗？为什么？

A·有我熟悉的一切，走错路也不会差得太远。

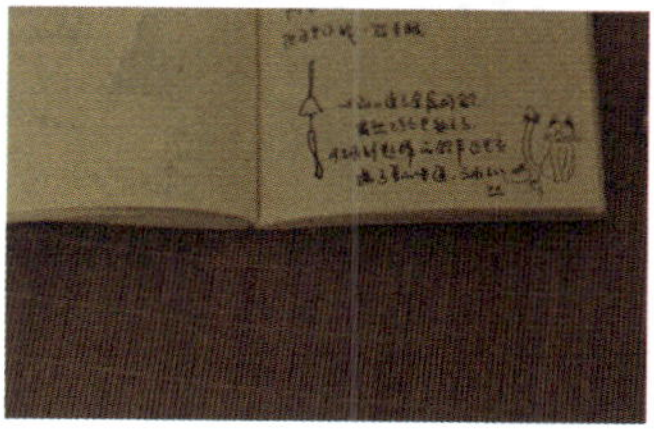

Q·你理想中的生活是什么样的？

A·简单又朴素，心安理得不虚度。这样的话，即便是每日走进菜市场，也会因为充满生活气息而感到幸福。

Q·生活里，你离不开哪三样东西？

A·朋友、新的知识、米饭。

Q·请描述你的一天怎么度过？

A·时常赖床，匆忙梳洗。上班途中乘公车听歌，看车载新闻必不可少。公车外也会不时出现抓眼球的风景。偶尔被迫从大嗓门乘客口中听到陌生人的趣事。

咖啡馆的工作之余，有很多可自由支配的时间。阅读、学习、给爆盆的花换盆分枝；记录有趣的客人和体会。

其他日子里，约会好友吃美味、逛店铺、聊各自和明星八卦。学习常容易走神，所以

会到图书馆就着氛围和大家一起啃书装作读书郎。

路痴不是好事情，最近尝试徒步加以改变。方法是：留心建筑物特征，暗记道路小巷名称，活用城市公交线路图。

每天上网看新闻和远方的朋友聊天必不可少。

做手工是一大爱好，习惯没人打扰的小段时间一次性完成。不过，同画画一样总是一开始就停不了，所以赶通宵是常有的，需要更多理智帮忙及时刹车。

Q·一句话形容自己的性格。

A·理性又容易紧张、小气又容易放得开的别扭处女座。

Q·你做过最疯狂的事情是？

A·高中时跟踪暗恋的男生回家，途中中转公交车就跟丢了。还记得当时紧张到双手发抖。该不会是被发现故意甩掉我的吧……

Q·熬夜吗？午夜你喜欢做什么？

A·除了看球大多都是拖延症导致的熬夜行为，所以基本都是在做一些“明天是最后期限”的事情。

Q·给我们看看你的饰品。

A·请看。

Q·你喜欢喝什么?
A·蜂蜜水。

Q·你的钱都花在哪儿了?
A·账单显示:衣>食>行>住=0。

Q·如果马上出去旅行，你会去哪里？

A·本来没有想好马上要去的地方，问了朋友后约定下一次一起去苏州。第一次去苏州是和很多人一起，最开心的却是午后到晚间一个人漫无目的地瞎逛，意外地没有迷路。

Q·你喜欢看什么杂志？

A·配图多的杂志，介绍美食、书店、旅地、有趣小玩意儿的都很容易看进去。

Q·你随身背的是个什么样的包？能给我们看看吗？

A·最近复习功课，所以牛仔布双肩包大容量很方便。

Q·你的包里经常装着什么？

A·乱涂乱画杂记小本，五块钱的英雄钢笔，筷子，打家劫舍黑口罩，总是无法归位的钥匙串，只有 10086 会定时问候的手机，居家旅行防身必备之多功能钢片刀（从来没用到过），钱包。

Q·受过伤吗？身上留下过什么伤痕？

A·做手工被针扎到，被工具戳伤次数太多恢复又快忽略不计。

有记忆的伤痕是，小时候凑热闹瞧人打架，里外围了三圈人，我却是那个在最外圈站着也中枪的倒霉蛋，石头砸在了我的左上唇，留下了菱形的疤痕，现在依然明显，莫围观！

Q·你早餐一般吃什么？

A·各种豆粥，包子。早餐能吃得下很多东西，但不喜欢吃剩饭。

Q·说一句你的家乡话，我们好猜出你是哪儿的。

A·你走哪点呢？（你去哪儿呢？）

Q·晒一张你小时候的照片吧。

A·请看。

Q·能推荐一部电影给我们吗？

A·《麦兜当当伴我心》。

讲给大人们听的童话，猪孩子和他的小伙伴眼中光怪陆离、不合逻辑、由大人们主宰着的扭曲又真实的现实世界。

Q·请用一句话来描述你心中的爱情。

A·爱要很善良，还得坦荡荡。

Q·你有几个好朋友？你最看重朋友身上的哪个品质？

A·6个以上，他们能够包容、无视、践踏我的龟毛、洁癖、神经质，这个很重要。朋友就是我自己选择的家人。落地成兄弟，何必骨肉亲。

Q · 在近期，你打算去做的一件事？

A · 看书，进入全身心学习的状态。

Q · 请介绍你房间里，你最喜欢的两件小东西。

A · 风铃，今年夏天，朋友假期从日本带回来的礼物。苔藓绿金属的风铃，和风感十足。一直想要的东西，礼物都是喜欢的，合心意就更开心啦。

“合格福郎”， 大三暑假在日本民宿的主人近藤先生所送，三只猫头鹰组成的摆件“合格福郎”。在日本，因为谐音的缘故，猫头鹰是吉利和幸福的代表。“合格”寓意应试合格，学业事业成功，寄托美好期待与祝福的东西总是会倍加珍惜。

Q · 做手工的材料一般从哪里来？

A · 先去附近实体店瞧瞧，工具类能买到的尽量选择就地取材，其他部分来自于网购。

Q · 最喜欢的漫画家是谁？

A · 美树本晴彦。

擅长描绘细微的光影变换，比照片的实景取物更显恒久。

代表作《超时空要塞》。

Q · 多长时间做一次大扫除？

A · 脏乱就打扫，不过时常拖延症病发，脏个十天半月也是常事。

Q · 收拾房间时，一般放什么歌？

A · 豆瓣电台。保险起见，私人兆赫，喜欢会让我燃起干劲，摇头晃脑却好好打扫的歌。

Q · 活到现在，你最大的人生感悟是？

A · 得拿出足够的勇气，付出相当的努力才能真正达成目标。

Q · 你房间里最旧的一件东西是？

A · 上小学时的一条棉布红领巾，没有特意保管，放在书架里边，现在倒还是崭新的样子。记忆里两元钱一条的红领巾好贵，却还是止不住地弄丢一条又一条。

Q·你最喜欢什么味道？

A·在一段距离外大米饭即将煮熟的味道，两个条件缺一不可。

Q·说说你戒不掉的东西。

A·迷恋养生、沉迷动漫、整理杂物。

Q·你觉得人生最难的两个字是？

A·随便。

Q·当生活遇到困难和低谷时，你会怎么做？

A·没有特别的，会看《动物世界》转移注意力，第二天打起精神硬着头皮当自己是小强。魔女教头说："人生可不会这么简单地结束。"

Q·有没有一句话，让你热泪盈眶过？

A·"每次回来你都在，真好。"从好友那里听到，让我觉得没有去外地上大学也不那么糟。

Q·请用一句话来总结自己。

A·三思而不学的道中高人。

Q·说说你最难忘的一次旅行。

A·大学暑假的日本之行，记忆里的大海，都充满了浓郁的味噌味道。长途汽车、温泉、山路、神社、野猪、山庄、榻榻米、后廊、狸猫、七夕、抹茶、大海、美术馆……旅行的意义，在于感悟到更多的美好。

Q·是什么让你选择留在这个城市？

A·四季分明。春来风沙吹，夏日少闷热，秋天舒爽活，冬季暖房过。

窗里窗外

窗子，就像是一个相框。
我可以从里面望出去，
外面的人也可以从外面望进来。

住的小区，挨着一个湖、一条河、一个大学、一个体育馆。

我的窗子，望出去，就是那个大学的湖。湖边长着一圈树。

搬到这里一年多了，我站在书房的窗边，看着那些树，已经由翠绿变深绿，又从深绿变成深深浅浅的黄，然后又变成枯枝，然后又变绿，一圈轮回。

不变的，是树围着的那个湖，上面架个小桥。湖面似乎从来不起波澜，高高矮矮的树投影在上面，清晰淡定，一点褶皱都不打！四季如此。

每天中午 12 点，下课的学生们准时端着饭碗从湖边走过，大学的喇叭开始播放流行歌曲，那情景，跟我多年前的学校生活一样，不同的是放的歌曲变了。当年我的学校放得最多的是林忆莲和张学友，最近大学里放得最多的是《我的歌声里》和 *I' m yours.* 声音被扯碎在空气里，等传到我窗里的时候，已经极不真实，只能通过旋律辨别出是什么歌，歌词一句都听不清楚。

需要我把头伸出去，才能看见右边的篮球场。

偶尔开窗透气时，把头伸出去看一看。由于隔得有点远，已经听不见篮球在地上蹦弹的声音，只看见几个年轻的身影，在大冬天穿着背心，无声地又跑又跳，玩得不可开交。

夏天的时候，阳台上，开着窗，风灌进来，楼下有人拉着水管冲洗地面和浇着花，我在楼上睡午觉。

最近，楼旁在盖新楼，从挖掘机开进那天起我就站在窗前看，看这座楼怎么扯起钢筋灌进水泥一层层起来。

当我想偷懒的时候，就侧耳听窗外的敲击声，那些工人在不分昼夜地劳作，我也必须勤奋，就这么被鼓励着，我的工作进展顺利。

一个下午，暮色降临，窗下，四个工人手拿着帽子并排坐在钢筋条上休息。

他们不知道，有人在楼上看他们。

夕阳正在落下，这样有作有息的画面，十分动人。

晚上出门，喜欢在房间里亮一盏灯。

等我回家时，会在小区的路上抬头看。

楼上楼下的邻居，用的都是白光的灯，看上去显得冷清惨白。只有我的房间，发出一点点温柔的黄光，光线还透过红色麻布窗帘，呈现淡淡的红色。

那个小小的窗口，让人心存暖意。

仰着头，不觉加快步伐，回家去。

长裙

酸溜溜的小苹果
营养不良的小草莓
起皱的小香肠
……
穿上这样的长裙，
也会妩媚生姿。

我们拥有的每一个妩媚的时刻都是有限的。

他们只看到，
你长发飘动、
裙角飞扬，
却不知道，
你像一只瞎眼睛的漂亮软壳动物，
只能在里面
去忧伤。

总有一天，长裙会被你收起来，
放进衣柜。
你会看见它。
但，永远不再穿它。

雨伞

乌云压下来，
那是空无一人的雨后的街，
结了冰的河面。
雨停了的夏天，大树下的水洼上，躺着一片静静的树叶。
路灯下的天桥，
天桥下的车流，
我那把爱流浪的雨伞，
把这一切，
看在眼里，
记在心里。
对我们来说，
回家，
才是世界上最温暖的字眼。

因为一句话，重温一部电影

· 在那个无限蔓延的城市里，什么东西都有，可唯独没有尽头。
——《海上钢琴师》

· 不如我们从头来过。
——《春光乍泄》

· 我早就长大了，只不过在变老。
——《这个杀手不太冷》

· 如果我再见不到你，那么祝你早安、午安、晚安。
——《楚门的世界》

· 有一种鸟儿是关不住的，因为它每片羽翼都闪着自由的光辉。
——《肖申克的救赎》

· 不疯魔，不成活。
——《霸王别姬》

· 生命就像一盒巧克力，结果往往出人意料。
——《阿甘正传》

· 我在等着星期天，我的父亲会来这里接我。
——《放牛班的春天》

· 如果你有梦想，就要去捍卫它。
——《幸福来敲门》

· 千年之后，我们人类仍然没有学会如何去爱。

——《午夜巴塞罗那》

· 女人和小孩可以无忧无虑，男人不行。

——《教父》

· 对的路，有时候真的太艰难了。

——《闻香识女人》

· 人生，就是不断地放下，但最遗憾的是，我们没来得及好好告别。

——《少年派的奇幻漂流》

· 你以后会记得这个下午。即使你忘记了我的长相，我的名字。

——《情人》

· 无论怎样，明天是新的一天。

——《乱世佳人》

· 跟我一起去伦敦吧，我们可以一起写歌，住舒服的房子，带 Ivonka 一起去，一定很好！去吧！

——《曾经》

· 每个人都会经历这个阶段：见到一座山，就想知道山的后面是什么。我很想告诉他，可能翻到山后面，你会发现没什么特别。回望之下，可能会觉得这一边更好。”

——《东邪西毒》

请客

我爱请客，
但不是在饭馆餐厅。
饭馆餐厅，那叫埋单。

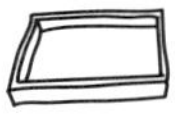

我爱在家里请客，
邀请朋友来小吃小喝。

受房间面积所限，一次不能邀请太多人，四五个人为宜。

但耐不住厨艺名声在外，多少人不请自来，最多的一次，十个，配四把高椅的餐桌，加了好多小凳。

冬天，我爱邀请人来家里吃火锅。

炖一只老母鸡，熬出浓汤当锅底。摆出各种新鲜的蔬菜和肉，红薯、宽粉必不可少。

最关键的是做调料碗。这也是朋友们赞不绝口的地方，切细的翠绿小葱、香菜末、白白的蒜末、嫩黄的姜末以及必不可少的红红的小米辣椒碎，放入碗中，再放入来自家乡的花椒粉、盐、味精、香油，滴一小团蚝油。然后，最关键的一项，拿出超市买的“黄飞鸿”牌花生米（酒鬼花生也行），用擀面杖隔着包装把它碾成碎末，每个碗里来上一把，你就吃吧！

夏天喜欢熬粥，超市里买来浓浓的鲜榨豆浆，熬豆浆稀饭，配上两道小菜。

吃完以后，从冰箱里端出精心制作的榴梿雪糕。

吃不来榴梿的朋友，马上捂住鼻子喊臭。

会吃的朋友，喜笑颜开。

春天吃各种菌菇。

夏天炒重庆辣子鸡、做豆瓣鱼、蒸粉蒸牛肉。

这些都是我的招牌菜。

调料都是去北京建国门四川办事处买的。

北方的朋友，还是习惯把菜里的花椒一粒粒挑出来。

看我美美地咬花椒，他们觉得不可思议。

秋天自然是吃螃蟹啦！

蒸螃蟹的时候，在水里放几片紫苏叶，滋味更别致。

不管春夏秋冬，不管吃什么，喝点小酒是必不可少的。

我的朋友来喝酒，从来不劝，喝与不喝，喝多喝少，全部随意。

其实请客吃饭的一天，最愉快的时光，是在买菜阶段。

提着篮子在菜市场挑挑拣拣，本来心里菜单已定，但是突然看见了新鲜的韭黄，或者刚摘下来的茄子，就忍不住多加一道。

请客吃饭，总舍得花钱，生怕亏待了客人，老想多备点，于是买完了菜，还要去弄点水果，买点栗子、饼子，再提上两桶饮料。

提菜上楼，手都被塑料袋勒得红红的。

然后进到厨房洗洗切切。不时去开门，迎接朋友一个个来到。

喜欢在厨房里忙碌的时候，听见外面朋友们的欢声笑语。在吃的时候，听他们夸赞。

更喜欢吃完以后，有人帮我洗碗。

暖宝宝

专为手脚冰凉、无人疼爱人士准备。

椅子

我的房间里，最热爱旅行的家伙。

钟

拿什么度过未来？

阳台

再也不会有小朋友在楼下喊你去玩了。

有些事情，完全可以遗忘
有些人，完全不值得纪念

她搬进了新家。

用了四分之一的积蓄，付了三个月的房租和一个月押金，租下这个独立的一居室。

现在，再也没有比一个自己的房间对她来说更重要的了。

他们分手了。

她搬了出来。

她从来没有自己住过，以前和父母，后来和同学，大学一毕业，就和他在一起。

六年了，住在一起六年了。

刚开始，很艰难，每一分钟，她都想打电话给他。

她是得到过爱的人，她非常确定。

所以，她觉得，哪怕是分手了，只要她不开心，或者遇到困难的时候，找他是天经地义的，他是一定会再次出现在她面前，安慰她的。

但是，我不就白搬出来了吗？

所以，她一忍再忍。

但是她很想他，

尤其是躺在这个黑暗的陌生的房间里，默默流泪的时候。她觉得自己快要死了。

她对自己说：再忍一天。

明天要是死不了，就打给他。

第二天，阳光照在她的枕头上。

她没睁眼就能感受到那种温暖。

我没死。她想。

那就再忍三天。

住了三天，她才开始慢慢地收拾东西。
把衣服挂进衣橱。
把书摆上书架。
把地上的植物，挪到窗台上去。
还有一个小小的木头猫偶。
那是他送给她的。

她想了想，把它和一些不常看的书，都塞进了一个整理箱，然后把整理箱塞进了床底。

分手的原因很简单。
他和女同事出差，发生了不该发生的事。
女同事告诉她的，给她写了一封很长的邮件，意思是她爱上了他。
然后他们吵架了。
他竟然对她说出：你难道就不能当我出去做运动了吗？

这句话让她决定搬走。

搬走的时候，她仍然不能理解他所说的。

女人永远都不能了解男人，就像男人永远不会不伤害女人一样。

第八天，她一个人在房间里喝酒。

大醉之后，抓起电话。

他的声音传来，但她无法言语。

酒醒之后，天已经亮了。

她像濒死的鸟一样，趴在阳台，看着窗外的蓝天。

搬家后的第十天，

她请了最好的姐妹来做客。

把吸顶灯关掉，只开一盏落地灯。

她开了一瓶酒，

听姐妹们劝慰她：

“何必委屈自己和一个控制不住自己下半身的人在一起呢？你要是原谅了他这一次，那你将来和他的生活，永远就是一个主题：原谅他！原谅他！原谅他！……”

“开水也要慢慢冷却，现在痛点怕什么？至少你的勇气在！”

“傻孩子，搬出来是对的，不然永远依靠男人。没有他们你也能活！加油！”

把风景看透之后，陪你细水长流的，还是朋友。

她们都说她很傻，

她也知道，

这个是无法控制的，

就算她换了城市，搬了家，剪了头发，变了工作，

还是傻。

朋友走了。

这个晚上，她第一次没有哭。

每天下午，下班以后她就去附近的超市买菜，
回家给自己做饭。
用佳能 G9 给菜拍照，然后传到微博里。
这成了她的乐趣。

在切那些菜的时候，她想：放手，真的是一件很不容易的事。
把汤盛进碗里，她也会想：他居然没有找过我，哪怕在微博里给我留个言。
吃饭的时候，她把电视打开，为的是不再让自己去想。

有些事情，完全可以被遗忘。
有些人，完全不值得纪念。
谁离了谁，都能活。

治疗失恋何止只需要三十三天啊！
大概是过了九十天，她才真正从失恋的痛苦里走出来。
流了一公升的眼泪，她才学会不哭了。

她终于爱上了一个人住。
外面的世界，够错综复杂的了。
自己的家，最好简单点儿。
这几个月，她几乎没有再去添置什么。
已有的，已足够。
她养的植物，在这三个月里长高了不少。

她现在已经有了足够的勇气，一个人看着植物投在墙上的暗影，心里觉得美，不觉得害怕。

她真正爱上一个人生活，爱上了每天拉开窗帘的那一瞬间。
阳光倾泻进来。
幸福感就像金粉，
纷纷扬扬落下。

他的房间　　– 小白　　咖啡馆主

“因为我的工作就是做自己喜欢的事情，这太重要了！”

用什么词语来形容小白呢？

有一个词再恰当不过了——有爱！

他养了四只猫，一只狗，并且开了一家以猫狗为主题的咖啡馆。

咖啡馆在一个小区里，是用他自己家的房子开的。他和家人也住在里面。

我推开门，铃铛作响，一只白白的热情过度的小狗前来迎接我。紧接着就是小白，然后他领着我进去，见到了他笑容可掬的妈妈。那些猫，自然还是那副德行，没一个理我的。

小白和他妈妈就是这个小咖啡店的服务员，这个 1989 年出生的男孩是幸运的，做这样一件事，他的家人如此支持他。

小白很有爱，给每只猫取了名字，给它们提供了一个吃饭的房间和一个嬉耍的房间。他的狗叫萌萌，很好吃，听见人吧唧嘴就立刻跑过来，它和猫猫们和谐相处，经常在猫咪们开饭的时候去吃人家的猫粮，自己的狗粮放到最后吃。有趣的是，猫咪们从来都很让着它，基本上看不见不可开交的“猫狗大战”，我想，这跟小白对它们的调教有关。

小凯是四只猫里面个头最大、年纪最大的一只，它跟了小白多年，从“正太”变成了“猫叔”，变成猫叔的特征就是性子极好，你怎么去揉它、抱它、给它打扮、顶

东西，它都宽厚待之。另外，它很喜欢一个人撩起窗帘，深沉地看着窗外，一看就是好久……

小白大学学的是美术。

在他的房间里，挂着他的画。

咖啡馆的装修，是他自己设计的。

不是所有人都能接受家和营业场所合二为一的，但是小白却在这里过得轻松愉悦。

“因为我的工作就是做自己喜欢的事情，这太重要了！”

Q·你住在几楼?

A·一楼带地下室。

Q·从你的房间望出去,能看见什么?

A·小区中间的儿童乐园。

Q·拍一张从你的窗户望出去的照片给我。

A·请看。

Q·每天在你的房间待多长时间?

A·除去购买生活用品外出以外,基本都在房间待着。

Q·你的工作是?

A·猫主题咖啡屋的店长。

Q·能描述一下你的工作程序吗?

A·每天早晨8点,起床开始打扫猫咪间,给猫咪梳毛、喂食、清理猫厕所。

上午 10 点，准备中午的简餐。

中午 12 点，接待顾客。

下午 1 点，制作下午茶甜品。

下午 3 点，接待下午茶的顾客。

下午 6 点，准备晚上的简餐。

晚上 7 点，用餐结束，准备迎接晚上的顾客。

凌晨 1 点，制作准备第二天的甜品。

凌晨 3 点，休息。

Q·除了这个，你还做过些什么工作？将来还希望做些什么？

A·我之前是一名室内软装设计师，主要负责家装手绘墙和户外大型手绘墙的绘制。没有想过将来还要做什么，只是觉得现在的工作是我非常喜欢和热爱的，我想把我的猫主题咖啡屋一直做下去。

Q·除了工作，你怎么打发时间？

A·我的生活和工作是融为一体的，打发时间就是制作一些我没做过的甜点菜品，再就是和我的猫“朋”狗“友”楼上楼下地跑来跑去，兴趣来了我会画上一幅画，或者约朋友来店里玩一场大汗淋漓的XBOX体感游戏。

Q·你家里都放了些什么书？介绍一本？

A·《宠物世界》《名家画册》《工笔技法》《宋人花鸟》《吴健油画集》《范曾白描》等。

《名家画册——范治斌水墨肖像作品》，范治斌是我在大学后期最喜欢的一位画家。我经常临摹他的作品。画册主要介绍了他从1994年到2005年的一些绘画作品，并且阐述了一些他对手绘之美的感悟和每幅作品是在怎么样的背景下创作出来的。他的画，线条轻松随意，不拘泥于传统写意国画，用色大胆又不失稳重，题材也是我所喜欢的人物肖像。每每看他的画作都让我有一种沉静的感觉，没有山水画的气势磅礴，也没有工笔画的细致入微，有的只是对生活中那一瞬间的感触，简简单单，平平凡凡。

Q·你喜欢你居住的城市吗？为什么？

A·之前不喜欢，现在喜欢了。因为在毕业后曾经去外地工作过一段时间，外面的世界的确精彩，待的时间长了，拥挤的街道就让我有些不知所措，每天上班穿行于公交地铁中，到处都是密密麻麻的人浩浩荡荡地向前移动着，有那么一瞬间我觉得恶心头晕。

后来回到了家乡，回到了熟悉的环境，回到了亲人朋友的身边，让我感觉浑身自在轻松。

突然发现原来自己是一个恋家的人，不再向往大城市的浮华，沉淀下来，在自己

的家乡也一样干出一番事业。

Q·你理想中的生活是什么样的？

A·发自内心地做自己想做的事。

Q·生活里，你离不开哪三样东西？

A·亲人、朋友、关于美的一切事物。

Q·怎样做会让自己元气满满？

A·别人对我的肯定和认同。

Q·翻开你随身携带的记事本，念一段里面记的话。

A·生前不必多睡，死后必定长眠。

Q·请介绍你房间里，你最喜欢的两件小东西。

A·那当然是我的狗（萌萌）和我的猫（小凯）了。

Q·一句话形容自己的性格。

A·外向张扬，不被约束。

Q·十年前的你，在做什么？

A·那时我刚上高中，过着现在看来无忧无虑的生活，简称“学生的美好时代”。

Q·在房间里你最常待的角落是？

A·落地窗前，没有客人的时候我会抱着我的狗躺在落地窗前晒太阳发呆。把自己放空的感觉真的很妙。

Q·你早餐吃什么？

A·没有时间吃早餐，每天早晨一睁眼就要先服务我的阿猫阿狗，等打理完它们就该吃中饭了。我有强迫症，在吃饭前要把想到的事情都做完才能安心吃饭。

Q·你喜欢喝什么？

A·我喜欢喝碳酸饮料，当它进入口中的那一瞬间，嘴里会有一种噼里啪啦的感觉，尤其是疲倦的时候来一口，怎一个“爽”字了得，冰镇后饮用口感更佳。谁试谁知道！

Q·一个人的时候，你最专注做得最久的事情是什么？

A·那当然是画画，尤其是工笔画，那简直是在练一个人的气和磨炼一个人的心境，只要一动起笔来周围的一切都影响不了我。

“画进去了”，把我的思想和情绪通过笔表现在纸上，那种感觉是语言所不能表达的。

Q·如果马上出去旅行，你会去哪里？

A·中国台湾和日本。因为台湾充满新奇独特的东西，是我渴望去了解和发现的，想去日本看看我崇拜的漫画大师宫崎骏和他的工作室。他的动画片对我触动很深。

Q·你多长时间换一次发型？

A·这个全看心情了，短则一个月长则半年。

Q·你随身背的是个什么样的包？能给我们看看吗？

A·双肩黑色背包，背带上带铆钉。我的包都很大，经常会带好多必需品在身上，

号称“移动办公室”。

Q·你的包里经常装着什么?

A·里面有各种充电器、相机、卷尺、画本、彩笔等，这样出门才踏实，随时都用得到。

Q·你手机的彩铃是什么歌?

A·安室奈美惠《GO ROUND》。

Q·你的钱都花在哪儿了?

A·电子产品、服饰、动物生活用品、美术用品。

Q·今年初的计划，现在实现得怎么样了?

A·开一家以宠物为主的咖啡屋，现在已经在试营业期间了，还有许多地方值得完善。

Q·你最喜欢的季节是？为什么？你喜欢在这个季节做什么?

A·夏天。因为色彩丰富，有生气。喜欢游泳、吃冰、烧烤，可以穿很少，到处采风写生。

Q·你最讨厌的季节是？怎么度过?

A·冬天。窝在家里，做甜品、玩宠物、上网。

Q·一句能给你带来正能量的话？

A·说再多不如动手去做，不管结果如何，至少我尝试过。

Q·说一句你的家乡话，我们好猜出你是哪儿的。

A·阿们在北（bia）塔（你们在哪呢）。

Q·你最喜欢的一间咖啡馆是？

A·张小姐的店。

Q·你做过最疯狂的事情是？

A·在乌海的荒山画室做高空墙绘，整整在那里工作了半个多月，完工的那天，开心到从山上的斜坡一直滚到山下。

Q·你有几个好朋友？你最看重朋友身上的哪个品质？

A·八个。坦诚相见。

Q·给我们介绍一件你的旅行纪念品。

A·上学的时候，去宏村写生时在当地买的鎏金镂空木雕，简称徽雕。由于当地过去的房屋都是以木质结构为主并且上面有精美的雕刻，当地村民在拆除自家老房子时把这些艺术品保留下来，珍藏，极具欣赏价值。真的很佩服过去的人有如此精湛的雕刻水平。

Q·生活中，你的压力大多来自于？

A·自己，喜欢挑战自己的极限。

Q·多长时间做一次大扫除？

A·每天都打扫，起床的第一件事，和洁癖有关，我妈总说我“穷扫”。

Q·最喜欢什么动物？为什么？

A·狗和猫，我很喜欢每当回到家一开门的时候就有一只狗上前迎接的感觉，对主人它是忠诚的，并且会讨得你的欢心，你若不离不弃，它将永远相依。猫就不一样了，它永远是个独立的个体，只会视你为它的同伴。猫除了偶尔会神经质外，很难让你不喜爱它。

Q·活到现在，你最大的人生感悟是？

A·不要盲目地跟随大流，学会有主见地掌控自己的人生。

Q・你房间里最旧的一件东西是?

A・我自己。

Q・你最喜欢什么味道?

A・茶叶的香味。

Q・说说你养过的宠物，讲讲你们的故事。

A・我养了一只萨摩耶，名叫萌萌，是从宠物市场买来的。

刚开始在宿舍偷偷养它，由于是男生宿舍，它对自己的性别产生错意，认为自己是条汉子。特别喜欢漂亮的女生和征服其他的母狗。

后来它长大了，四人间对它来说显得有些拥挤。它经常会在我们不在的情况下干坏事，为此我没少给同宿舍的同学赔东西。和同学协商后我和萌萌搬出了宿舍，在学校附近租了一套房子，萌萌有了自己的房间，从此过上了幸福的生活。

萌萌一岁以后性格就变得温顺许多，它学会了如何去讨好别人，为此得到了不少人的喜爱，这也奠定了它以后走上“演员”这条路的基础。但凡有陌生人来，它都会表现得特别懂事听话，用无辜的眼神换取别人的同情心来获取各种美食，最后把自己吃成了一个水桶，以前的“S”形曲线一去不回了。

和小凯的相遇，是我去西安玩的时候。它那时已经七个月了，是一只英俊的英国短毛猫。

一见到它，我就觉得和它特别有眼缘，它倒也不见外，看见我坐下它就马上投怀送抱，各种卖萌，我就此沦陷了。在小凯之前我对猫一直没有什么好感，甚至感觉它们很邪恶，但当我走进它们的世界以后却得到了许多快乐。比如，它想吃饭或是上厕所，跑到你身边瞪着一双大眼睛轻声对你“喵喵”叫的时候，简直可以把人融化。再有就是它们天生的优雅气质每时每刻都会吸引你的注意。每天在闲下来的时候我都会静静地坐在一边看着它做各种动作，那是一种享受。更不用说它催眠的能力了，晚上睡觉时它总会跳上床，在我的枕边发出舒服的呼噜声，只要听几下我便会进入梦乡，真是治疗失眠舒缓压力的必备佳品啊！

Q • 请用一句话来定义你心中的爱情。

A • 宁缺毋滥，真正的爱情是不能被世俗所绑架的。

Q • 你觉得人生最难的两个字是？

A • 生和死。

Q • 当生活遇到困难和低谷时，你会怎么做？

A • 找比自己生活经验丰富的人倾诉，寻求帮助。

Q • 有没有一句话，让你热泪盈眶过？

A • 当别人对我说“你真棒”的时候我会热泪盈眶，因为这三个字背后我可能会付出许多许多。

Q·请用一句话来总结自己。

A·男女通吃，老少皆宜。

Q·你最近写过什么？留下一段，什么都行。

A·不要奢求会有人懂你，其实最了解你的人是你自己，这一点你比谁都清楚。

Q·说说你最难忘的一次旅行。

A·毕业那年班里组织去黄山写生，和同学们住在村子里，白天采风写生，晚上把酒言欢。

Q·是什么让你选择留在这个城市？

A·亲人、朋友和这个城市熟悉的味道。

Hold 住自己的欲望

人是一堆无用的欲望。
——萨特

欲望是个麻烦的家伙。
它藏在我们的内心，大声吵嚷：我要这个！我要那个！
要是不满足它，就够你受的。
而一旦它得到满足，它就会懒懒地告诉你：噢，不过如此嘛！
很欠揍！

为了让欲望闭嘴，我们必须思考。
思考内心真实的需求。

于是有了一个发现：
很多时候，很多东西，并不是我们自己真正需要的，而是别人告诉我：你需要的！

总是有外人在告诉我：你应该得到这个！你应该得到那个！你必须这样更好……
于是，我们想要的越来越多。

被物质所役，必然会被束缚手脚。
无法去过简朴的、健康的、快乐的生活。
我们想要的东西太多，享受和攀比，让我们复杂和不幸福。

Hold 不住欲望，永远不会满足。
Hold 不住欲望，抵抗不住诱惑。
你会永远处在抱怨和不安之中。

你无法同时睡两张床。
再漂亮的衣裳，也只能一件一件地穿。
吃太多，只会消化不良。
有时候，你添置东西本身的快乐，远远小于你告诉别人这件事的快乐。
所以，
Hold 住欲望。
就要 Hold 住虚荣。

一个欲望很多的人，挣钱和花钱，都会成为他的苦恼。
更何况，总有人比他钱更多。
这又成了更大的苦恼。
你真的需要那么多吗？
你能 Hold 住自己的欲望吗？

心爱的东西太多了。
会没有时间和精力去细细品味。
最终它们会在你眼里变得平庸。
你会不再珍惜。

很多事情，不是必须做的，就不做。
很多东西，不是必需的，就不要。
免去欲望之扰。
不要让物质成为你安全感的来源。

其实，每一个成熟的人都曾经历：
想要！想要！想要！——
不要，不要来，不需要……

暖茶

我渐渐弄明白了，
得活得从容。

去了一个朋友的房子。
他用花盆栽下穿心莲，在落地窗前拉上透明渔线。
穿心莲长年累月地攀爬，终于给了他一个层层绿藤下的阳台。
他养了鱼，大鱼缸里水草摇曳。
居然还有四只小鸟儿在阳台上，没有笼子，住在绿藤下，偶尔会飞到电脑旁边。

我办事路过他楼下，想起他，就去看他。
他用热茶招待我。
阳光不错。小鸟欢快乱叫。
我说，你又老了，胡子都老黄了。
他哈哈大笑。
他的头发也白了不少，但我没说。

这个房子，同时是他的工作室。
生意不太好做，员工走了好多。
这些年，他不断尝试投资做别的，但结局都很惨淡。
“我承认，我失败了！”他曾写邮件给我。
当时很震惊，像他这样一个男人，会承认失败。

还好他身上有韧劲，什么情况来了都撑得住。

当他妻子提出把这个房子卖了缓解经济压力时，他怒了！

我知道他，如何舍得这个小小带阳台的房间？

四十多岁了，打拼多年，风光过、得意过、踌躇满志过，最终知道，名利如浮云，一切转头空。

最大的成就，是挣来了这点小小的空间，可以日夜安置自己。

他给我斟上茶，说：昨天，小宗来过。

小宗，我们共同的朋友，现在事业成功，风生水起。

“他在这儿跟我聊了很久，告诉我应该怎么做怎么做怎么做……”

他苦笑：“可能他觉得我过得很差，为了我好……”

他把咕嘟咕嘟刚开的水，冲进茶壶，继续说：“最近很多人来看我，都是好心，但其实，我根本就不需要同情，我现在过得挺好的……”

“这么多年过去了，我渐渐弄明白，得活得从容，在从容的状态下，生活全是优点。”

“一辈子很快的，现在为了孩子，还得在城市里打拼，等我老了，我就找一个眼缘好的人，把这个房子一卖，把阳台上的东西都送给他，我就回老家去，种菜、画画，度晚年……”

茶暖胃，话暖心。

他说他过得好，

我信。

这个下午，北京的天空，飘满浮尘。

一个失意的男人，拿什么抵御生活？

阳台、穿心莲、鸟和茶。

黑咖啡

速溶咖啡不在黑咖啡的范围。

黑咖啡，
不加糖不加奶，
为的是在味觉上，感受咖啡的纯味，苦涩却又让人难以抵挡的香味。
讲究的喝法是，在喝咖啡前，先喝一口温的纯净水，然后再感受咖啡鲜明的味道。

每天早上起来，脸上总是难免有水肿迹象，有时候还会留下枕头的压纹。
这是因为身体里水分太多，来不及排出去。
熬夜、晚餐吃盐过多也会造成水肿。
我试过各种赶走多余水分的办法：按摩、刮痧、冰袋，或者是喝冬瓜汤、薏米红豆汤……
以上办法，多多少少有些效果。
但最有效的，其实很简单，
就是一杯黑咖啡。

咖啡因是有效的利尿剂。
每天早上起来喝一杯，
能马上感觉身体在加速排水。
很快，面目水肿的情况就消失了，
并且，我获得一整天的清醒和活力！

曾经见过喝咖啡很厉害的同事，带了一保温瓶的咖啡到办公室喝。

还见过一个喜欢在公司吃早餐的同事，一张糖油饼儿配咖啡。

另外，速溶咖啡不在黑咖啡的范围。

那些标记着“速溶黑咖啡”的也不能算，就算口感差不多，但它真不能起到排水消肿的作用。

黑咖啡最好自己煮。

一套虹吸壶只需要两百多元，淘宝上就能买到。

一个简单的意式咖啡机也不需要太多钱，省下一个月泡“星巴克”的钱就能买到。

自己可以买一个手摇磨豆机，也可以在买咖啡豆的店里，要求店家帮你把豆子磨好。

我自己开了咖啡馆，经常有客人拿着淘宝上买好的豆子来，用我们的磨豆机磨粉。

我们热情接待，拒绝收费。

煮黑咖啡和喝黑咖啡的过程，用两个词来形容，就是：

用心、

良苦。

失眠

对付失眠的最好办法，
就是不要在乎它！

失眠就像一只无助的蝙蝠倒挂在起风的夜里。
黑暗。
安静。
在手机屏幕幽绿的光线中，
眼睛，黑得像一颗安眠药。

数时钟的脚步，想一个不该去想的人，徒劳地指着绵羊，无声地和自己对话：
——怎么老是闷闷不乐？
——熬过去就好了。

一部爱得死去活来的电影，让人泪如雨下。
一部呕心沥血的小说，让人心乱如麻。
听歌，会让人想起十年前的爱人。
煮东西吃，会胖。
什么是对付失眠最好的办法？

对付失眠最好的办法，就是不要在乎它。
如果你一躺在床上就想：今天晚上睡不着怎么办？那完了！

不妨，
摊开四肢，
倒在这黑夜里。
躺在失眠里。
彻底地、完全地，
看一番，
这半梦半醒。

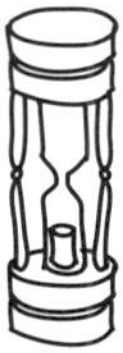

长夜绵绵，
又起风了，
天很快就亮。
又怎样？

在你完全放弃抵抗，决定看着天亮的时候，
你睡着了。

杯子

一个杯子的温度，
有时候刚刚等于一个拥抱的温度。

冬天来了。
寒冷重临大地。
年复一年。

今年的冬天，似乎没有什么不同。
白天一如既往变短。
夜晚依旧深邃寂静，漫长又漫长。
降温，下雨。
身体又一次开始迷恋所有暖和的东西：手套、棉被、围巾、壁炉、火锅……

最好的冬天，是外面寒风瑟瑟，窗里，有一个装满温水的杯子在手里。
冰凉迷蒙的玻璃窗外，雪在路灯下飞舞。
有人在路上，踩着积雪，大步向前。
一个杯子的温度，有时候刚刚等于一个拥抱的温度。
没有坚持。
没有期待。
没有另一个谁。
尽管春天遥遥无期，

但一个杯子，足以交付，完整的安全感。

时间在走。
人在变。
手里握着一个装满热水的杯子。
一如当初。
我很好。

爱情的样子

有人说，
爱情不存在，
因为它没有样子。

首先爱情不是人们想的那样，是两个人的事情。它实际上是一个人的事情，另一个人，只是陪伴而已。领悟了这一点，爱，就带不来痛。

爱情的最好模样是两个普通得不能再普通的字：合适。

不勉强，没奢求。

合适就是最好的。

不要对“门当户对”嗤之以鼻。

有时候，它指的是：相似的成长经历带来相同的爱情观和价值观。这一点，会带来平等与尊重，很重要。

最好的爱情，不需要伪装，用最真实的自己，面对最真实的他，一起最真实地生活。

温暖地，细水长流地，过日子。

两个人，有话可说，愿意倾听。

在有限的人生里，分享快乐的事。

在恰当的时机，遇见对的人，

一切刚刚好。

他所经历的一切苦难，都是为了修炼这颗包容的心。

容忍你所有的缺点与过错。
不必多言，就知道你在想什么。
不论距离多远，心在一起。

两个人，彼此做伴，又各自自由。
在一起时，开心；分开时，安心。
经历了烈火激情，进入到平淡似水。
经历考验和波折，也要坚定地在一起。
善始，善终。
不离，不弃。

这就是爱情的样子。
你心里相信，就会看见它。

她的房间

– 小芸

摄影师

我更愿意随性随心地生活。

漂泊在外的女孩，这些年一直在搬家。

住过各种各样的房子，她说，每住过一个房间，都会在心里留下印记，留存一生。

她曾经做过很多工作，美容师、化妆师、西点师、咖啡师，现在做着摄影师。

问她喜欢哪一样工作，她说都喜欢。只是，在一段时间之内，只做一件事。

喜欢一件事情，心无旁骛，努力做好它，就可以了。

她是一个随遇而安的人。

从容，淡定，做事不计较目的和结果。

这些年在外漂泊，走路跌倒，爬起来，接着走。对于远方，永远抱着乐观和好奇。

她也曾经手忙脚乱着急挣钱，但那段日子并不快乐，总是走着走着，做着做着，又开始反思自己：我在做什么？这是我想要的吗？

答案从来都是否定式。

这就是成长，一次次地否定自己。

然后期待，期待更远的路途，期待新鲜的生活。

无论曾经有怎样的期待，

历经怎样的折腾，我们都又期待回到原点，回到最初的情怀。

她决定让脚步慢下来，

不想给自己太多的压力。

人生苦短，

有太多东西是可以舍弃的。

如今她已经快三十岁，进入成年人的世界也有好几年了。

但有时候，她还真不觉得、也不敢相信自己已经是个“大人”。

原来认为，长大了，就无所不能。现在才知道，理想中的成人的世界并不存在，真实的“长大以后”，就是一次次地妥协承认，无奈相随。

经历过迷惘的阴郁的阶段，她领悟到了：

好多事，交给命运去办就好。

她更愿意随性随心地去生活，并坚信，不管做什么选择，只要从心出发，就是好的选择，就算遇到困难，命运也会来帮忙的。不用去想太多，只需要等待和努力就好。

Q·你住在几楼?

A·四楼。

Q·从你的房间望出去，能看见什么?

A·一片小树林和对面的楼房。

Q·拍一张从你的窗户望出去的照片给我。

A·请看。

Q·每天在你的房间待多长时间?

A·加上睡觉时间在内是八个小时左右。

Q·你的工作是？

A·摄影师和咖啡师。

Q·能描述一下你的工作程序吗？

A·捕捉到喜欢的景象后按下相机快门。

Q·除了这个，你还做过些什么工作？将来还希望做些什么？

A·将来还是做摄影师。在这之前做过很多工作，比如：咖啡师、甜点师、编辑、美容师。

Q·除了工作，你怎么打发时间？

A·除了工作以外会把比较多的时间留在咖啡馆，看书、看电影、听音乐。

Q·你家里都放了些什么书？介绍一本？

A·我喜欢周国平，所以家里他的书比较多一些，最喜欢他的那本《风中的纸屑》。它汇集了作者1992年至2000年间所写的随感。

"爱一个人，就是心疼一个人。爱得深了，潜在的父性或母性必然会掺杂进来。

只是迷恋，并不心疼，这样的爱还只停留在感官上，没有深入到心窝里，往往不能持久。 爱就是心疼。可以喜欢许多人，但真正心疼的只有一个。"

Q·你理想中的生活是什么样的？

A·理想中的生活是比较清闲的，有一份喜欢的工作，和爱人和亲人生活在一起。

Q·生活里，你离不开哪三样东西？

A·相机、电脑、钱包。

Q·请介绍你房间里，你最喜欢的两件小东西。

A·一个音乐盒，里面是宫崎骏的《天空之城》，听着很舒服，百听不厌，这个音乐盒是过生日时男朋友送的。

还有一个小猪的玻璃摆件，也是过生日时爸爸和妈妈送的，玻璃小猪里面写着“一生平安”。

Q·请描述你的一天怎么度过。

A·在咖啡馆里上网、做咖啡，有拍摄工作的话会出去拍照。

Q·一句话形容自己的性格。

A·简单。

Q · 十年前的你，现在在做什么？

A · 十年前在一家炸鸡店卖炸鸡腿。

Q · 在房间里你最常待的角落是？

A · 窗户边，喜欢在那儿晒太阳。

Q · 你喜欢喝什么？

A · 喝咖啡，每天基本都会喝一杯，但是不能喝多了。

Q · 一个人的时候，你最专注做得最久的事情是什么？

A · 修片。

Q · 如果马上出去旅行，你会去哪里？

A · 想去有海的地方。

Q · 你多长时间换一次发型？

A · 半年。

Q·你随身背的是个什么样的包？能给我们看看吗？

A·是一个双肩的电脑背包。

Q·你的包里经常装着什么？

A·相机、电脑、钱包、手机、钥匙、纸巾。

Q·你手机的彩铃是什么歌？

A·丁零零。

Q·说一句你的家乡话，我们好猜出你是哪儿的。

A·儿喽。

Q·晒一张你小时候的照片吧。

A·请看。

Q·你有几个好朋友？你最看重朋友身上的哪个品质？

A·两个，真诚。

Q·在近期，你打算去做的一件事？

A·近期想回趟老家。

Q·现在就想见的人？

A·妈妈。

Q·请说说你最喜欢的一句歌词。

A·“我是永远向着远方独行的浪子，你是茫茫人海之中我的女人。”

Q·多长时间做一次大扫除？

A·大概一个礼拜。

Q·最喜欢什么动物？为什么？

A·最喜欢狗，从小就喜欢。

Q·活到现在，你最大的人生感悟是？

A·一定要做自己喜欢的事。

Q·你最喜欢什么味道？

A·甜。

Q·能推荐一部电影给我们吗？讲讲它的故事和你的评价。

A·《独立日》。

我是一个科幻迷，所以对科幻片特别感兴趣，这是我看过次数最多的一部片子，也是我感觉拍得最好的一部科幻片。电影主要讲述外星人想要侵占地球，最后反被人类消灭的故事。

Q·请用一句话来定义你心中的爱情。

A·执子之手，与子偕老。

Q·你觉得人生最难的两个字是？

A·简单。

Q·你做过最疯狂的事情是？

A·在没告诉家长的情况下，在大年初二晚上冒着风雪和喜欢的人半夜开车回县城。

Q·当生活遇到困难和低谷时，你会怎么做？

A·一般会低沉一下，然后再振奋。

Q·有没有一句话，让你热泪盈眶过？

A·“你不要说两次，说两次我就相信了。”——旺角卡门。

Q·请用一句话来总结自己。

A·容易满足却又不甘落后的年轻人。

Q·说说你最难忘的一次旅行。

A·自己去青岛旅行，定好有一天步行去海边，正好那天下大雨，但是我没改变决定，在路边买了件便宜的雨衣，戴上 MP3，手里还提着一袋青岛啤酒，走在雨中。

Q·是什么让你选择留在这个城市？

A·因为事业。

Q·来个自问自答。

A·你幸福吗？

有时候备感幸福，有时候又感觉不幸。

主动孤独

独处的快乐，
有的人，
永远不懂。

孤独，听起来是一件很可怕的事情。无数流行歌曲和文艺作品都这么说，和它共同出现最多的另一个词是：逃避。

我们的心里，总是潜伏着各种不安和孤独。

于是我们总是想方设法去找人交流、消遣，或者投入一个个的团体、圈子。只要有“别人”在，就不会手足无措。

在不断逃避孤独的过程里，我们被圈子驯化，逐渐丧失自我，变成了一个别人所期望的那个人，而不是自己。

你可能也知道：有一种孤独，是我们所需要的。

你可以主动去寻找它。

那种主动地将自己和喧嚷的外界分隔起来的孤独。

搞过创作的人，说起孤独，总会在嘴角浮起一丝会心的微笑。只有她自己知道，在那种需要稍微忍耐才能度过的时刻，灵感之神是如何悄然降临的……

孤独，让你彻底成为你自己。

而当你推开门，汇入人群，你有了名字、职业、地位。浮躁和焦虑开始如影随形。你的嘴开始动个不停，你甚至发现自己开始扮演一个你不认识的人。说着言不由衷的话，做着迫不得已的事。

要经过漫长的迷茫和精神危机之后，我们才学得会走进房间，关起门来，主动孤独。主动沉默，主动冥想，主动享受时光，主动远离规则，主动关怀自己。

在自己的房间里，没有人可以让你羡慕和嫉妒。
没有让你内心翻腾不已的竞争和欲望。
收入、名誉、地位不再是生活的重心。

即便有伴侣，有时候也要把自己隔离开来，主动孤独。给自己一点时间看书到深夜。不然，一和他在一起，就什么都不想做了。

孤独，是无法用手去掌握的，但你可以去拥抱它。
拥抱孤独，置身孤独的煎熬之中，才能修炼出更好的自己。
优雅温和、正直诚恳。
不再浑浑噩噩、不再马马虎虎。
你有了毅力。你学会了忍耐。
时间一点一点地流逝，你终于收获了孤独送给你的礼物。

挤时间

不挤不知道，
一挤吓一跳！

1 分钟

把你的手机、闹钟、挂钟，都调快 1 分钟。这样，你会比同事早到 1 分钟。

3 分钟

给厨房灶台周围的三面墙贴上带漂亮花纹的防油污纸，脏了撕下来就行，轻松节省趴在那里擦，还擦得特费劲的 3 分钟！

5 分钟

如果你的公司在 7 楼，每天中午到了饭点，电梯总是每层都停，还有可能到了你的面前打开，已经满了。如果你选择步行下楼的话，会比别人提前至少 5 分钟到餐厅噢。

8 分钟

随时更新、升级你的下载软件。我亲自试过，一个升级后的下载软件和升级前的相比，下载一个 100 分钟的电影，速度能相差 8 分钟以上。

10 分钟

夏天的衣服，真的不用全都按洗衣机的“正常”模式去洗。一些不是很脏的，点个“快速”模式，你就能轻松节省 10 分钟时间。

11 分钟

用热水和米下锅，用电饭煲煮，可以节省 11 分钟。

15 分钟

用塔吉锅做菜，美味，又节省时间。

20 分钟

每周日就计划好下周穿什么，把衣服都按顺序挂在衣柜靠外的位置，并且备上两件厚外套以防万一。这样，你就能省掉在衣柜前踌躇不决的时间。

25 分钟

早上起来以后，煮上鸡蛋再去打开电视，一边听新闻一边刷牙洗脸，这样，要比洗漱完再去煮鸡蛋节省 25 分钟。

30 分钟

尝试在网上购买蔬菜和水果，轻点鼠标，就有人给你送来，从农场到家，价钱和菜市场一模一样。成功节省 30 分钟！

33 分钟

家里有一个手提箱，里面永远整整齐齐摆着出差专用的牙膏牙刷、化妆水和乳液、两套衣服、睡衣。放在那里，随时准备拿走，这样，就省掉出差前一晚，手忙脚乱整理行李的 33 分钟。

38 分钟

用挂烫机熨衣服，以及用超市那种带粘纸的小滚子清理床上和沙发上恼人的头发丝，会让你节省不少时间。

40 分钟

晚上睡觉前，把各种难煮的豆子和米放在保温瓶内，加入滚水，盖上盖子。第二天一早，揭开瓶盖，就能喝到暖暖的粥了！成功节省煮粥的 40 分钟时间！

43 分钟

有的电影，真的不用去电影院看，等下线了，在家里下载来看，遇到宣传过度、名不副实的，还能快进。

45 分钟

马桶堵住了怎么办？打电话给家政公司，然后等他们过来，至少得 45 分钟时间。每隔一段时间，将洁厕灵倒进马桶，盖上马桶盖放一会儿，再冲洗。马桶会一直保持通畅，你将永远不需要花那 45 分钟。

50 分钟

在逛超市的时候，一次性购买够 6 个月用的洗发水、沐浴露、牙膏、生理用品，至少省掉两次购物的时间——50 分钟。

52 分钟

扫地机，是个好玩的东西，它有记忆功能，会自己在家巡逻清扫，遇到障碍物还能自己“逃脱”。把它放在地上，你就干别的去吧。

60 分钟

手机上下载一个“飞常准”，或者微博上加它，它会实时跟踪你的航班，让你不用浪费时间在航班延误上。有了它，去机场接人更方便，不用站在大厅等待，可以节省一个小时！

120 分钟

去银行开通“生活缴费”功能。在家里，就能轻松交电费、水费、煤气费。省掉往返交通和在营业厅排队的时间。如果你在银行拿到过令人崩溃的“前面还有 70 位”的排队单，就会知道，你节省的时间，远远超过 120 分钟！

写诗的少年

我曾住过那样一个房间，
隔壁有一个写诗的少年。

他像个受伤的天使，沉默寡言。
第一次见面的时候，他垂着头，仿佛连抬头看我一眼的勇气都没有。
我拎着包，站在他家的客厅里，内心一阵紧张。
这是我租住过的最好的房子。他的父亲是一个舞蹈家，他母亲曾经也是。
他们给我一个单独的房间，有大大的落地窗，只需要八百元一个月。

他的妈妈为我们作了介绍，我俩挨得很近，他大概只说了句你好，就表情生硬地快步离开。

他的父亲每天忙于工作。
他的母亲从来不会发脾气。
他的房间从来悄无声息，我推断他经常一个人静悄悄地，想一些异想天开的事。
有时候，我会在马桶旁边看到他留下的书，都是不圆满的故事，让人内心悲切。

那段时间我刚到这座城市，经常失眠，没法睡觉，睡觉也没有用，因为在梦里也会思考。
我渐渐学会习惯和享受深夜头脑清醒的感觉，坐在黑暗的客厅里。
我在黑暗中听见他开门的声音，他站在客厅里，小心翼翼地呼吸，无法感觉出他

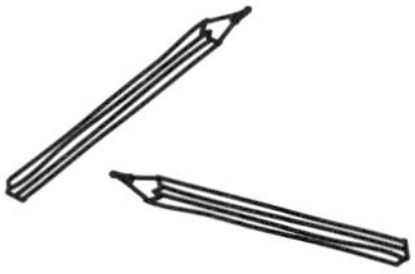

的心思。

你睡不着？他说话了。
你也睡不着？我回答。

然后我们都坐在客厅里。
他依旧沉默寡言。
即便在黑暗里，我也能知道他在避开我的眼光。

沉默了好一会儿，楼下传来汽车轮子滑动的声音。
他腾地站起，走到窗边拉开窗帘往外看。
路灯照在他脸上。

他说，他爸回来了。
然后他迅速消失去了自己的房间里。
零点差一刻，他父亲回来了。他把他的车停好，小心翼翼地开门，以为孩子睡了。但他没有想到，他的孩子，刚才还趴在窗口悄悄看着他。
打开门，他回来了。他的父亲年轻、优雅，衣着相当讲究。衬衫衣襟相叠，系着领带，要不就是穿着黑色的大风衣，皮鞋是定做的。他是个舞蹈演员，除了民族舞，还会跳探戈、华尔兹、爵士舞。

然后我听见他父母吵架，为了掩盖那些失控的话语，他们放上了音乐，他们顺着音乐的节奏，花瓶落地的声音都像伴奏。

“孩子睡了，求你！”他父亲小声说。

但他母亲开始尖叫。

情人，还是为了情人。

他的父亲，英俊、精致，无法不去做一个情人的角色，就像命运无法更改一样。

情人很脆弱，会身不由己，情人的故事不是一个人，而是两个人、三个人、四个人。

我终于知道了为什么他父亲经常在半夜时分回家，有时刚回来就走了。

他的母亲，知道丈夫在外面有了情人，丈夫身上沾有别的女人的气息，嘴唇边口红的痕迹，她不可能不敏感。

他每天都会去情人那儿，她知道。

每天晚上，她坐在客厅里看电视，不一会儿，去厨房喝一点水，上床前先去浴室，关掉电视，把全家的灯检查一遍，然后悄无声息地走进房间。

这个晚上，他们吵疯了。

我已经不能假装什么都听不见了。

我打开门，他也正好出来。

他母亲倒在客厅的长沙发上，脖子上淌着眼泪，胸脯抵在沙发扶手上。

他张开双臂向她扑去，钩住她的脖子，她合着双眼；他抱住她，在他的双手下，妈妈的身子动了动，她已经崩溃了。

他一拳挥向他的父亲。

第二天，他却带我去看他父亲的演出。

一群衣着整洁的人在灯光暗淡的剧场里坐着，铃声之后，剧场安静下来。

8 点整，帷幕拉开。

舞剧按剧本一幕幕演下去。

故事发生在一个遥远而神秘的时代，男女主人公都衣着华美：女的穿着闪闪发光的裙子；男的戴着假发，脸上满是浓重的油彩。

这个故事不太简单，我还是看懂了一些。

我们都知道舞剧的女主角就是那个女人，他父亲的情人。

他坐着，膝盖上放着节目单，看着沉沉的舞台，目不转睛。

从剧场出来之后，他说："她很漂亮，不是吗？"

我说："是。"

他母亲决定离开家去旅行，
说要走很长很长时间。
她把钥匙给了我，其他什么都没说。

他父亲和情人搬去了别处，
走的时候也什么都没说。

他也住进了学校，偶尔回来。
还是什么都不说。

我一下有点无所适从。
我曾多么渴望在这个城市有个像这么大的房子。
但是，这间房子，让我觉得害怕。

有一天他从学校回到家，我走进他的房间，把房租搁在他桌上。
他请我在他房间坐一会儿。
我说我打算搬走。
他听后很意外。
"能不能不搬？"他拉住我说。
我不由呆了，他极端的过敏反应让我手足无措。
"继续住在这里！不要搬走！"他说。
看他那副可怜相，我当时差点就说，行，我不搬，我们相依为命，不管发生什么事情，我都会在这里之类的话。

我给你看一个东西，他郑重其事地对我说。
什么东西，给我看看。
……

谁也不应该大声喊叫
谁也没有干什么
我们没有罪
窗外的星星同样没有罪

他竟然从枕头底下掏出了他写的诗，我看见纸页上他的笔迹大吃一惊。
我一直好奇他在自己的房间里静悄悄地做着什么。
没想到，他在写诗。
他的诗都写在乳白色的纸上，用订书机装好。
狂热喜欢诗歌的年代早已经过去了。
真的想不到，一个近90后的孩子，在写诗。

我们坐在阳台上读诗，读了很长很长时间。
那是一个仲夏夜，空气贴在皮肤上，暖烘烘的。

我拿起他的手，放在自己的手上。

我这么想，就这么做了。

他把头埋进我的胸口，睁着茫然无助的眼睛，像一只被赶到了悬崖绝壁边的小动物，渴望我的拯救。

我并不害怕他的眼睛，只是觉得那里面有难以形容的焦虑和悲哀。

那个时候，我还不知道该如何安慰一个男人，我只能默默地注视着他，把手放在他的身上，窗外刮着风。

不久以后，我还是搬走了。

因为我实在受不了。

那个房子太大了。

他们，再无消息。

已经过去十年了。

现在，只要我一闭上眼睛，我就能回到那个住过几个月的屋子，过去的一切都会从心里升起，难以抵挡的伤感情绪就会把我淹没。

“福根儿”

爱脚小分队。

你的化妆台上，是不是和我一样，老是留下一些瓶瓶罐罐，里面不多不少的，还剩余着一些“福根儿”。

这个毛病很奇怪，明明还没用完，就开始想买新的。

然后剩一堆瓶子，想扔掉吧，拿起来看看，可惜。

有个好建议：把它们收拢起来，成立一个“爱脚小分队”。

问过十个朋友，有七个已经没有泡脚的习惯了。

都是洗澡，或者拿起花洒对着脚冲一冲了事。

但是，那样对脚，真的没太大作用。

热水泡脚，最大的作用，是让脚得到最大限度的放松，进一步缓解全身的疲劳。

只是冲一下，是没有这个效果的。

我喜欢泡脚，而且过程犹如仪式一般。

打水，试水温，然后滴两滴橙花精油进去。

然后把洗脚水端到沙发跟前，地毯上铺一块毛巾，盆放在上面，这样做是避免水洒出来打湿地毯。

然后备好一条擦脚毛巾，放在身边。

在“爱脚小分队”里，找一个成员出来，作好准备。

开始。

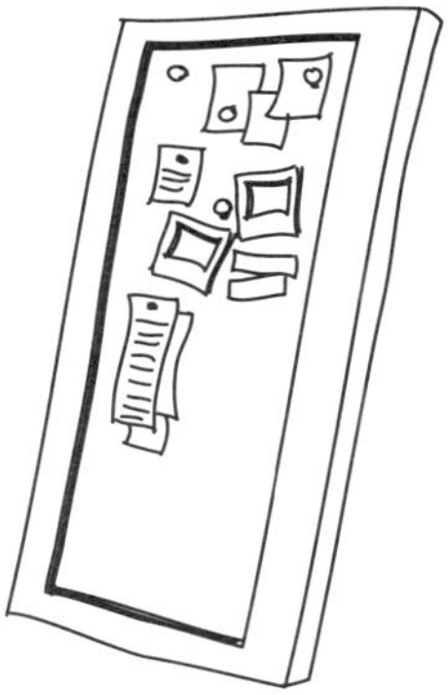

无论怎样合脚的鞋子，穿久了，都会让脚跟角质层增厚。如果天气一干燥，就会起翘脱皮。

所以，每隔一段时间，最好用40摄氏度左右的热水泡脚之后，用粗糙的火山石，或者搓脚板把角质堆积的部位摩擦干净，再用磨砂膏打圈按摩。

去完角质，用毛巾把脚擦干净，抹上你剩下的那些面霜、保湿霜。

因为都是剩下的，所以，可以毫不吝啬地使劲抹，吸收完一遍，再抹，让双脚和小腿都充分得到滋养。

然后穿上棉袜睡觉。

这是完完全全的“爱自己”的过程，

会让人很享受。

除了“爱脚小分队”的那些面霜、乳液之外，做完面膜之后，把还有大量精华液的面膜给双脚敷上，一点不浪费，效果还超好。

“爱自己”这个词，随处可见。

但是，真的能做到给自己好好洗脚的，不多。

有时候，我们需要克服的，就是那个永恒的弱点：懒惰！

深度休息

要做到深度休息，
首先就要“放下”。

有时候，我们明明睡了一觉，但是起来以后，却仍然感觉很累，眼睛水肿，头昏脑涨，就像没有睡过一样。

期盼已久的假期来临了，终于可以好好在家看看电影、玩玩游戏，但是假期结束的时候，却发现眼睛很痛，神经完全没有放松下来。

在一次次地下定决心好好对自己之后，你真的知道怎么休息吗?

休息，和劳作一样，是特别重要的生活方式，它能帮你卸掉沉重的压力和疲倦，排除焦虑情绪，让身体和大脑重获崭新能量。深度的休息，是必不可少的。

其实判断休息好和没休息好的标准特别简单，就是当你完成这个计划之后，你是否感到浑身轻松，感到满足。

要做到深度休息，首先就要“放下”。

放下想得太多的那些事，把气顺下来，均匀呼吸，暂时忘记所有不愉快不顺利的事情。

然后，要将自己的身体，放进一切美好的、你喜欢的事物中去。阳光是首选，还有新鲜的空气、干净的绿植、草地、湖泊、大海……让自己远离手机屏幕、电脑屏幕，甚至电影屏幕，不做一切动脑筋的事情。

或者，你想睡觉，就彻底地睡个长长的懒觉，彻底躺在床上，放松身心，好好补偿一下自己。

做运动，也是很有效的休息。跑步、爬山、游泳，有氧运动会让大量氧气跟随你的血液流经全身，促进你身上快乐因子的分泌，运动完了，大汗淋漓以后，你会感觉心情愉快，晚上也能睡得更香。

在家养花养草，颐养身心。当你在为植物擦洗叶片，或者修剪枝叶的时候，实际上也在梳理和浇灌自己的内心，照顾完植物，再顺便把家里清扫一遍，扔掉垃圾。一个洁净舒适的家，会让你获得愉悦的心境。

泡个澡，会让你感到温暖和放松。

静坐，也是获得高效休息的好办法。

在任何时候，坐下来，闭目养神，调整自己的呼吸，绵长、均匀，你的心也会变得平静、安详。

有奋斗，有休息。

这才是完整健康的生活。

越宅越漂亮

没有丑女人，
只有懒女人。

从早上开始。

每天早上空腹喝一杯蜂蜜水，坚持下去，会解决便秘和皮肤粗糙的问题。

然后拿出一个苹果，这是你一天必须吃的东西，任何时间吃都可以，它会让你的身体更健康。

买两个柠檬回家，放在保鲜盒里，再放进冰箱冷藏，每天切上一片来泡水。

多喝水，新鲜柠檬片泡的水能让你的皮肤更加白净。

用牙线清洁牙齿，去除口腔里的异味。

每天都要擦防晒霜和手霜。

定期修眉，能让你看起来眉清目秀。

用洁面油洗脸，去黑头的效果好过洗面奶。

保持头发的清洁和蓬松，不管你是什么发型，都会好看。

少喝饮料，它们是发胖的根源。

如果上火了，喝点菊花茶。

每天踮起脚尖挺直腰背靠墙站立十五分钟，这是提升身姿的好办法，身姿挺拔了，气质会变好，人会马上年轻五岁。

经常做做眼保健操，对着镜子练习凝视，眼睛有了神韵，看东西会更专注，人也会变得更有魅力。

每天晚上贴一片面膜，不要偷懒，坚持下去，会有奇效。想漂亮，一定不要懒。

如果想减肥，就要做到每天下午5点以后不吃饭，晚上8点以后不喝水。做到以后，会减得很快。

卧室里挂一个深色的窗帘，遮蔽光线，好好地、深沉地睡一觉。以上的几点都做到了，但是不好好睡觉，效果会大打折扣。

如果你的牙不好看，会大大影响形象，不妨用一两年时间做个牙套妹。拆掉牙套以后，你会有惊喜的发现！

当然，别忘记：好心情，也是最好的美容药！

她的房间

— 古雪　　女诗人

功名利禄又不是我的追求。

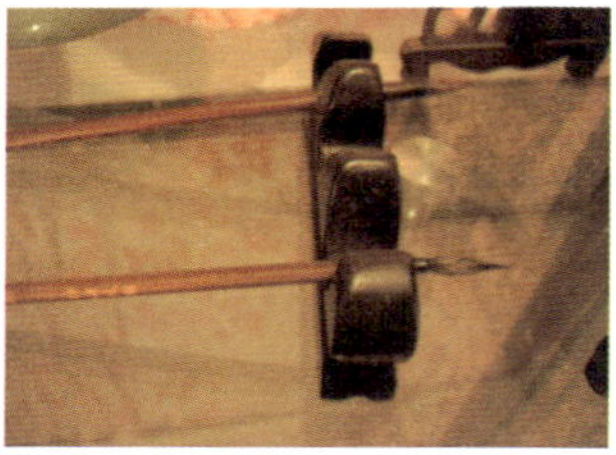

我一直很难忘，在一个冬天的夜晚，和古雪下班以后走路回家。

时间临近圣诞节，天气寒冷，下着小雪，但路两旁树上挂着的那些闪亮、密集的节日灯泡令我们高兴。

我们路过木偶剧院，相约哪天去看一场木偶戏。

但遗憾的是，这个约定还没来得及实现，她就搬家了，离开了北方，去了厦门。

她发来在厦门房间的照片。

一个热爱生活的女孩，善于收集生活细节，然后把美好的事物填充在家中。

从墙开始，每一把椅子、每一个挂件、每一个抱枕、每一盏台灯，都是和宁静生活有着必然联系的物件。

她有着古典气质。

不只是从眼角眉梢，还从骨子里散发出来。
瘦瘦的身子，穿上风衣，或者长裙，
显得柔顺、坚持与善待。
她说话从来轻声细语，
经常笑着说出痛苦的事。

她特别珍惜她所拥有的每一样东西。
我多年前送她一副窗帘，她搬家总带着，风吹日晒，至今颜色未改。

她在自己的房间里，写诗、阅读、听音乐，
过着朴素日子。

她去了厦门以后，还是那样，静悄悄地生活。
一个朋友，如果过得好，联系就会少。

在这一年快要结束的时候，她在遥远的海边给我寄来了一本她的蓝色诗集。

Q·你住在几楼？

A·六楼，厦门的房子大多没有电梯。

Q·从你的房间望出去，能看见什么？

A·椰子树、棕榈树、芭蕉树，夏天的时候有两排开满小黄花的树，叫不上名字来，还有紫色的三角梅从别人家的阳台上伸出来。

Q·拍一张从你的窗户望出去的照片给我。

A·请看。

Q·为什么决定离开北京？

A·总是觉得北京太功利，花费太多时间和精力在求取那些我并不需要的东西上。北漂们追求的功名利禄又不是我所追求的，何必跟他们一起拼得头破血流呢？

Q·去了厦门以后，生活有什么变化？

A·生活节奏变得慢了很多，下班更早，回家的路上常常嫌公交车开得太快，没看够风景。平时出门也常会停下来看各种植物和花，一有空儿就到海边去走走，享受南方温暖的空气。

Q·你对现在的生活满意吗？

A·满意。

Q·每天在你的房间待多长时间？

A·除了睡觉，平时大概有四五个小时吧，周末如果没有出门，会比较长。天暖和的时候我喜欢坐在阳台上，阳台上种了一些花草、摆了玻璃小圆桌和藤椅，泡茶看书很惬意。

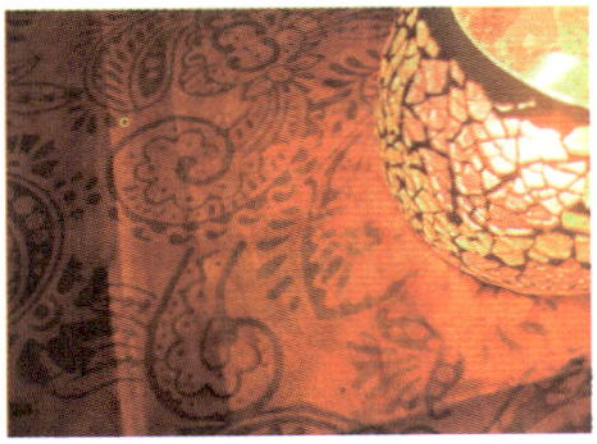

Q·你现在的工作是？

A·图书编辑。

Q·能描述一下你的工作程序吗？

A·关注社会热点和知名作者，联系他们签下选题合同，到稿后进行文字编辑、封面和版式设计，负责监督到书印刷出来并配合后期的宣传和发行。

Q·除了这个，你还做过些什么工作？将来还希望做些什么？

A·很早的时候做过一小段时尚杂志编辑，写稿。

其实我很希望有一天能跟一个老师傅学习一门即将失传的手艺，以最缓慢的、过时的节奏活在这个世界上。

Q·除了工作，你怎么打发时间？

A·种花、养鱼、养猫、看书、练琴、画画、写字、刻橡皮、写东西，和朋友一起。

Q·你家里都放了些什么书？介绍一本？

A·大部分是文学类，包括诗集、小说、学术书，还有些画册和字帖，剩下的就是为了工作而买的一些畅销书以及我自己做的书。

最近在看《留住手艺》，作者采访了日本一些手艺人，整理成书，他们从事的手艺大多都即将失传，但他们仍然以平和细致的心态来工作。有些手艺制作的也只是一些平凡的物件，像木盆、鱼钩这一类的，但他们却能够一辈子全神贯注地做这件事，远离尘世的喧嚣和疯狂的节奏。看这样的书，会让我觉得心情很平静，沉浸在那种美好的“慢”里。

Q·你喜欢你居住的城市吗？为什么？

A·喜欢。到厦门来生活是我多年以来的梦想，现在终于实现了，我当然很开心。这里有海，温暖，生活节奏慢，大多数人更关注生活本身，同时，作为一个南方人，还是在南方生活感觉更为亲切。

Q·你理想中的生活是什么样的？

A·在温暖的海边，有一份稳定又不用太费劲的工作，每天下班后能到海边散步，三五天能和朋友在一起，在家有足够的时间和空间读书，做我喜欢的事情，有猫猫们和我爱的人在身边。一年能有几次机会出外旅行，见识那些我没有见过的景致。能有机会写得更好并结识新的有趣的人。

Q·什么是你生活中必不可少的东西？

A·精神的独立性，阅读写作，爱。

Q·请介绍你房间里，你最喜欢的两件小东西。

CES of PIANO MUSIC

A·跟豆瓣上一个朋友定做的灯，用宣纸蒙在灯罩外面，在宣纸上画鸢尾花，灯亮的时候鸢尾花的图案显得更温婉优美。这样朴实温暖的呈现方式也很符合心意。

再来说一个我的小茶具，福建人真是人人都离不开茶，连门口保安都会在收发室，甚至是露天大门口的凳子上摆一套茶具，而大多数北方人大概都觉得这是比较奢侈的喝法。我的茶具也不太成套，潘家园买的朱泥小茶壶，来厦门后买的汝窑的小茶海，红色和淡蓝的窑变的茶杯，木头茶盘，都不贵，零零落落地收集起来，因为每天都要泡茶，久了也觉得有生命力，有感情了。

也许是年纪越来越大，以前总喜欢那些耀眼热烈的东西，现在越来越偏向这种醇厚内敛的美，就像朱泥的光泽，淡淡地沉淀、渗透进去，像我们越活越平稳的人生，真正聪明的人是不张扬的。

Q·在房间里你最常待的角落是？

A·沙发或者飘窗上。最喜欢的还是飘窗。

Q·一句话形容自己的性格。

A·悲观主义者，性子烈，对人和事都太认真，也太顽固，不肯妥协。

Q·多长时间搬一次家？搬家的心情和体会？

A·两年左右就会搬一次吧，每次搬家都痛苦万分，首先是书太多，收拾打包很累，其次是各种易碎小玩意儿太多，要保障它们的安全需要耗费大量包装时间。加上我又是个舍不得丢东西的恋旧的人，负担只会越来越重。

Q·给我们看看你的饰品。

A·请看。

Q·你喜欢喝什么？

A·茶，酒。喝不了烈性酒，但是觉得各种兑起来的酒挺有趣。

Q·你的钱都花在哪儿了？

A·买书，买各种小玩意儿，当然也买买衣服之类的。

Q·如果马上出去旅行，你会去哪里？

A·威尼斯，一直想去看看。

Q·你喜欢看什么杂志？

A·作为一个跟现实生活常常脱节的人，很长时间都没看过报纸和杂志了。

Q·你的包里经常装着什么？

A·钥匙、手机、纸巾、药、便签本、笔和书。

Q·你有几顶帽子？

A·只有冬天太冷才戴帽子，有两顶吧。

Q·你早餐一般吃什么？

A·咖啡、面包或者饼干，咖啡是必需的。

Q·你随手画过什么吗？给我们看看？

A·请看。

Q·说一句你的家乡话，我们好猜出你是哪儿的。

A·好像跟普通话莫得好大区别噻。

Q·晒一张你小时候的照片吧。

A·请看。

Q·你有几个好朋友？你最看重朋友身上的哪个品质？

A·最好的两三个吧，也没有特别去定义怎么才算好朋友，对我来说，最重要的一个是善良真诚，一个是有相似的价值观，价值观不同当然也可以做朋友，只是总会有一点距离。

Q·你的面霜是什么牌子的？牙膏呢？

A·面霜是 Clinique 的，牙膏是竹盐……

Q·你最喜欢循环播放哪首歌？

A·没有固定的，随心情定吧，放古典的时候喜欢放肖邦和拉赫玛尼诺夫。

Q·多长时间做一次大扫除？

A·一周左右。

Q·收拾房间时，一般放什么歌？

A·因为反正也听不见，所以一般都放电视，不放歌，嘿嘿。

Q·你的伞是什么类型？什么颜色？

A·最普通的那种，蓝色花。

Q·你房间里最旧的一件东西是？

A · 一只毛绒玩具狗豆豆，是初中的时候朋友送我的，一直带着到现在。

Q · 你最喜欢什么味道？

A · 类似檀香那种淡淡的香味。

Q · 能推荐一部电影给我们吗？它讲了什么故事？你的评论？

A · 《我的秘密之花》。

讲一个失去爱情的女人，当她摆脱了对感情的依赖和绝望之后，就重新获得了生活的力量，也重新获得了更好的感情。这是阿莫多瓦更早的片子，上大学的时候看过，前阵子找出来重新看了一遍，色彩很鲜艳、很美，感情的爆发很有震撼力，比他后来的片子更多一些温情。

Q · 请用一句话来描述你心中的爱情。

A · 平等，温柔和热烈兼有，能使双方在其中有所获益，变得更加成熟完整。

Q · 你做过最疯狂的事情是？

A · 一个人跑到一个遥远的地方见一个素未谋面的人算不算？

Q·给我们介绍一件你的旅行纪念品。

A·从法国带回来的圣心教堂的铜十字架，上面有受难的耶稣，虽然我并不信基督教，但是这种悲哀的姿势很美，简单而动人。

Q·你养宠物吗？讲讲你和它的故事。

A·养了两只猫，都有七年多了。一只是从成都带到北京的，一只是在北京时收养的，现在又从北京带到了厦门。它们陪伴我度过了这七年中所有欢乐和孤独的时光，无论什么时候，我都知道，它们总是在家等我，等着给我温柔的爱。

它们生病的时候，我常常害怕就这么失去它们，那这个房间里将会有一个无法填补的空洞。

平时我画画、看书、看电影的时候，它们都会来挨着我，或者趴在我腿上，睡觉的时候也会钻进被子让我搂着。它们那么温暖、迷人，随时都有新鲜的天真的小花招哄我开心，有时我觉得不是我守护它们而是它们在守护着我，让我免于悲伤，在这个动荡的世界给我一份忠诚可靠的感情。

我知道总有一天它们会离开，我只希望能让它们平安幸福直到终老。

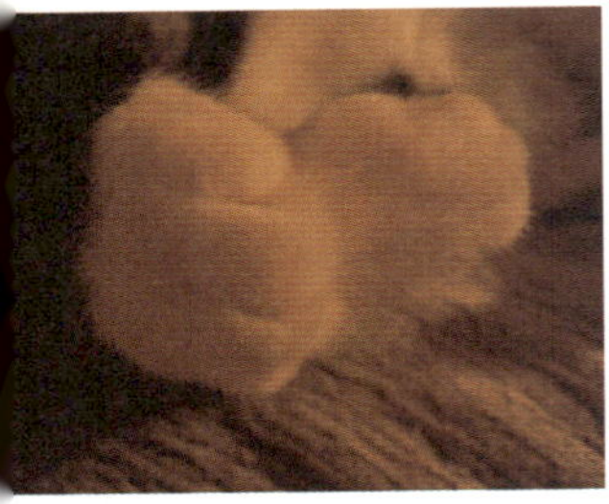

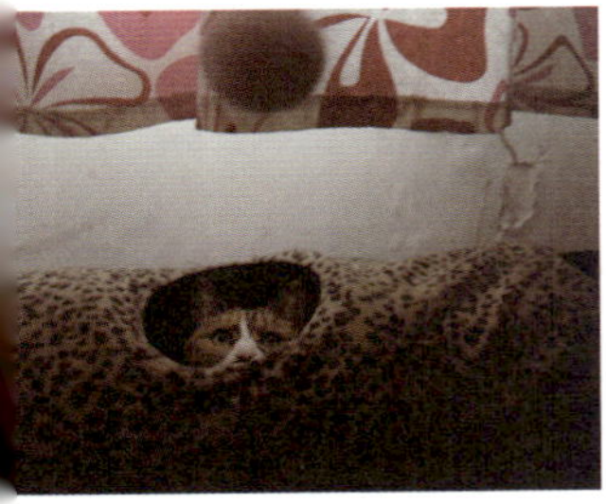

Q·上一次和爸妈在一起吃饭是什么时候?

A·去年八月底回成都的时候。毕业后就离家，回去的次数很有限，基本都在过年或者国庆的时候。我想，我有我爱他们的、属于自己的方式，别人不一定能理解，但那也没关系。

Q·请用一句话来总结自己。

A·一个总是不肯放弃精神幸福、热爱海和各种小动物、想要生活得更加热烈和深厚的人。

Q· 说说你最难忘的一次旅行。

A·大学毕业前和最好的几个朋友一起去四姑娘山，骑马上山时，山上全是雪，冻得直哆嗦。在山顶上烤火、吃牛肉，走出去能看见很大一个银白色的湖，被包围在白茫茫的群山和树木中间。住宿条件很简陋，但是能和那么亲密无间的人一起出游，实在是稀有的幸福。

Q·是什么让你选择留在这个城市?

A·海，南方的风土人情以及小城市的慢节奏。我的童年是在海南度过的，这里和海南的城市很像，都有许多热带植物，有略带腥味的空气，人们的长相和生活习俗也很相近。有时下班回家，我会误以为是小时候放学，那种与回忆重叠的感觉很美好。

Q·来个自问自答。

A·最近最大的变化是什么?

自从上次有朋友买来榴梿吃了以后，突然变得很喜欢这种争议很大的水果。

Q·给我们看几首你写的诗吧。

A·请看。

释迦

白色小铃铛响
你总是睡不醒
把梦中单脚站立的鹳
当成真的

沿着海岸线
我描画出半张脸
它柔软的白浆果的心
是甜蜜的，不带一点苦

如果那也可以是我

镜子里黑色的光
照不到我
我的小姑娘
坐在门廊上
数她的星星
他们在黑暗中唱歌

剔鲸鱼骨的人走进来
拔掉我心上的刺
如果我放弃泪水
你会放弃我吗?

玉
海浪声不止
灯灭之前
我又犹豫了

你寻遍古代的河流
才找到这个
虚掷的荣光
他在一盏小月亮里
摇晃着无辜的花朵

而我把鹿角
抵在纸灯笼上
不用到南山
只要继续划水
只要飞过去

我看到你
收拢的灰色调
布满梦中的房间
旋转楼梯
小鸽子，小鹰
瓶子碎了不捡
不渡
但不妨种下

看杂志

早上起来，头发像爱因斯坦，跌跌撞撞走进洗手间，坐下来。不管眼睛有多么迷蒙，脑袋多不清醒，一定要把旁边的杂志拿起来。

有时在沙发上，把杂志双手举起，腿搭在沙发扶手上，是很舒服的。

吃饭的时候，把杂志放在碗旁，一边吃，一边翻，绝对不会发生把饭喂进鼻子的情况。

杂志，是可有可无的东西。

但是，一旦你订了，它不来，你就有点不太自在了。

我曾经订过一年的时尚杂志，后来它们成了我搬家的累赘。

现在的时尚杂志可真厚啊！还全是铜版纸印刷，有一期，我居然要用双手才抬得起来。

这样的杂志，不适合在厕所里看，是个沉重的负担，让人不放松；

也不适合在沙发上看，举不动；

更不适合吃饭的时候看，味太大！

时尚杂志的特点就是：翻完了，就翻完了，完全记不得它的内容，

就记得是大幅大幅的图片和广告。

一页页的美女摆出摄人魂魄的动作和神态，角落里标着她穿的裤子和鞋子是什么

牌子。有时候，那条裤子，只能看见极小一角。

还有就是，人物访谈里，明星们一个个都活得特明白。

我承认我是一个十分不时尚的人，看时尚杂志，是希望让自己能时尚起来，但是，看了一年，作用不大。

难怪有人说，时尚杂志是办给我们这种想时尚又时尚不起来的人看的。

算了，只要不怕被人认为不时尚，就无所谓了。

第二年，哪怕他们还送大量赠品，也不订了。

搬了新家以后，那一年的时尚杂志无处可放，丢了可惜，于是灵机一动，用两根帆布带把它们捆起来，上面再捆一个小坐垫，就成了一个舒服结实的杂志凳了！别说，家里来个朋友，还挺喜欢坐的！

小学时，喜欢看《少年文艺》，有时候还看我爸爸的《啄木鸟》，看得似懂非懂的。

上中学的时候，我喜欢看《女友》，经常把《女友》里面美女的图片揭下来，贴在墙上。记得那时候，有同学订了一本《人之初》，她成了班上最受欢迎的人，大家都传着看，经常是这个月新杂志到了，上个月那本已经快散架了。老师对我们看这个杂志的态度，也不是很明朗，索性睁一只眼闭一只眼。（不知道现在《人之初》杂志还有吗？）

十八九岁的时候，开始喜欢看《读者》和《青年文摘》。

有一段时间，很喜欢看《三联生活周刊》，后来觉得软文多了，不订了，只是在机场路过的时候，买上一本，偶尔还是能看到几篇好文章。

从来没有喜欢过《知音》。

现在看杂志，已经不喜欢去订阅了。

想到了，就去报刊亭买两本。

今年，看得比较多的是《青年视觉》《读书》和《心理月刊》。

它们带给我视觉的享受、文字的感动，以及各种正能量。

但是对我来说，看杂志，不等于看书。

它们之间最大的区别就在于：

只有很少很少的杂志值得一读再读。

棉被

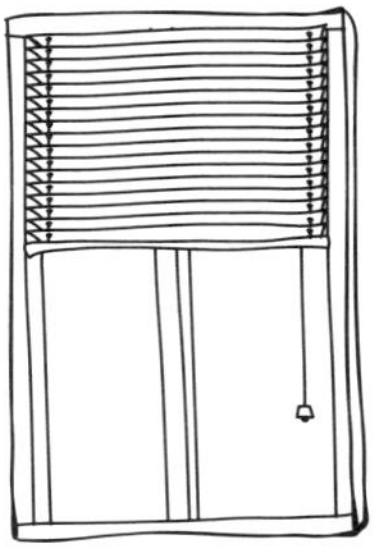

时光的河水，在床下流过。
棉被，是托住她的船，
轻飘飘地，飘过梦境。
她蜷住身体，
全然不知。

每天躺下去的时候，是她感觉最舒服的时候。

她仰面躺着，把棉被拉在腋下，

想：如果我早就知道会把他忘记，我就不会那样傻傻地，咬着被子，哭整整一个星期……

她笑了。

女人的一生，就是不断负伤、疗伤、缠绵、撕裂的过程。

曾经多么幼稚啊！

她又一次翻身，把棉被抱紧。

还好，

终会清醒的，

终会明白：

一切美好的东西，都不会停留。

啊！还是有点孤独呢。

她还想。

寂寞好大，大得填满了整个屋子。
她甚至能听见血液在血管里流动。
尽管窗外，暴雨滂沱。

她的心，早就冷了。
早已不会汹涌地哀伤。
冷掉的心，只会在棉被之下，
暖和起来。

再也没有更多的时刻，
更让你，想把它拥入怀中。
雪白的棉被，会呼吸。
它悄悄盖住泪痕、孤独、噩梦、心悸、悲哀……
它们褪色模糊后，
她只想要一次安然熟睡。

不想了，不想了。
管它明天要上演什么呢！
她渐渐进入梦境。

在将睡未睡的那一瞬间，
她再次提醒自己：
你知道
你不再是一个
容易受伤的女人。

情绪日志

出现问题是正常的，
但有时候，
我们会有点反应过度！

情绪是我们对生活的反应。

情绪有好、有坏，但人们一般说的“闹情绪”，指的都是不好的那部分。

波动大、经常发脾气、不冷静、烦恼……

情绪并不单纯，它还隐含着很多其他的原因，身体健康、人际关系、职业现状……任何一个地方出了小问题，都会让我们痛苦、伤心、郁闷。

坏情绪来临时，生活会瞬间变得暗淡无光。

坏情绪损伤我们的心性，有时候还会伤害身边的人。

人活着不可能万事顺意，出现问题是正常的，但有时候，我们会有点反应过度！

虽然总有心理导师对我们说：要让你来控制情绪，不要让情绪控制你。

但是对于四十岁之前的年轻人来说，感受力丰富而强烈，要控制好它，是一个挑战。

我们常嘱咐朋友：好好照顾自己！

这个照顾，不仅指照顾好身体，还包括照顾好自己的精神。

所以，不管多难，一个想要照顾好自己的人，总会努力去做。

控制情绪的方法：

1. 正视自己面临的问题，把它看作一次经历、体验，知道事情没有按照自己想象的那样进行，感到烦恼是很自然的，可是问题再严重，都会过去。

2. 切记不要因为情绪伤害他人，当你要发怒或者摔东西时，稍微停顿停顿，也许就止住了。

3. 问自己：怎么做，才能平静下来？

4. 找一件可以分心的事去做。

5. 将情绪的感受、起因、解决过程写下来，每一次都写，会成为一本情绪日记，在冷静的时候翻阅它，你会很容易找到导致自己失控的原因和解决办法，下一次，也许就好解决了。

6. 平时多锻炼身体，消耗多余的精力，运动还能带来快乐因子，一件看上去很严重的事情，也许在运动之后来看，就没那么严重了。

7. 吃点甜食，会让你心情舒畅。

饿了就吃，困了就睡

饿了就吃，

困了就睡，

冷了就穿。

生活，最难的，无非八个字：

顺其自然，

随遇而安。

单曲循环

多数时候，单曲循环，不是因为旋律好听，
而是歌词懂你。

单曲循环是一种病，
叫情难自禁。

她的房间

— 莉莉刘

摄影师

在每一天的小生活里。

莉莉是一个摄影师，每个月，都有好多情侣从老远的地方赶到昆明，请她拍照。

她为他们留下最美的相爱情景。

她曾目睹爱情，如今她也有幸得到。

莉莉是一个大气的小女人，没心没肺、大大咧咧，说起话来眉飞色舞，笑容很有感染力。

谈起工作，喜形于色。她是真的很喜欢自己所做的。

她走起路来，脚下似乎有风，如果你和她并肩前行，不知不觉中就会被她甩出去很远。

她的身影，倔强无比。

头发张扬迷乱，肩膀消瘦。

她一直很积极。

积极的人，生活一直在给她回报。

以温柔优雅的态度生活，生活也会不断变得充盈、美好。

为了爱情，她从上海，搬到了昆明。

从她的微博可以看出，她同样热爱这个温暖的城市。

阳光很好，生活很慢。

从任何一个小区走出去，都能看见老人在慢悠悠地打太极拳。

走出家门，有公园、书店、电影院、酒吧，还有博物馆和电影院。到处都是可以去的好地方。

昆明，还有很多深夜美食。

我特别喜欢看她在微博里发夜宵的照片。当然，有时也会特别痛恨。

她是一个细节控，

对家里的布置体贴细微，充满生趣。

生活的真谛就藏在那些不经意的角落：在当下，享受它。

莉莉照相，喜欢用阳光。

在田野，在海边，在树影斑驳的老墙下，

爱人们在阳光下相拥相吻。

从她的照片里，可以看见：

清晨的阳光最干净。

傍晚的阳光最温暖。

Q · 晒一张你小时候的照片吧。

A · 请看。

Q · 你住在几楼?

A · 七楼。

Q · 从你的房间望出去，能看见什么?

A · 近处是对面的楼房，旁边有个小小的公园和旧旧的铁路，每当清晨和傍晚便会有小火车轰隆隆的响声，路过这里穿梭半个城市开往目的地。

Q · 拍一张从你的窗户望出去的照片给我。

A · 请看。

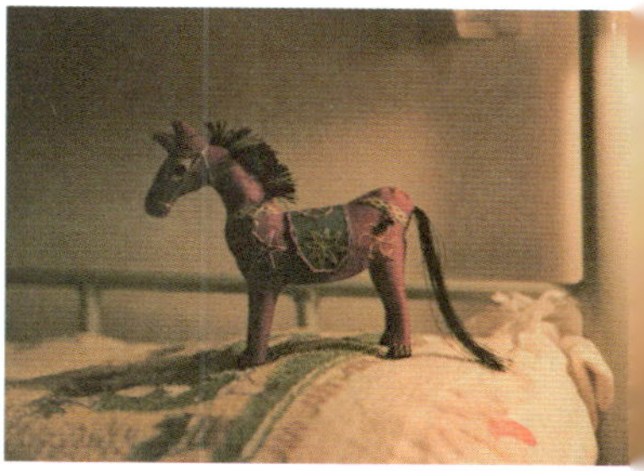

Q·每天在你的房间待多长时间？

A·除了出去拍摄，平时都是待在家里，如果不下楼买东西的话就是二十四小时窝在家了。没有特别想出门，也不会想去逛街买衣服，挺喜欢待在家里的感觉。

Q·你的工作是？

A·自由摄影师。

Q·能描述一下你的工作程序吗？

A·前期和客户沟通，然后拍照、修图，后期做册子，没有什么特别的。

Q·除了这个，你还做过些什么工作？将来还希望做些什么？

A·曾经从事过网络编辑、广告创意、动画策划等。

将来想去大理开个客栈，过清闲安静的生活。当然，最希望成为一个真正的自由摄影师。（我的摄影工作室博客 http://sevenliu.poco.cn/）

Q·除了工作，你怎么打发时间？

A·玩小猫，看电影，出去拍照或者偶尔跟朋友聚会。

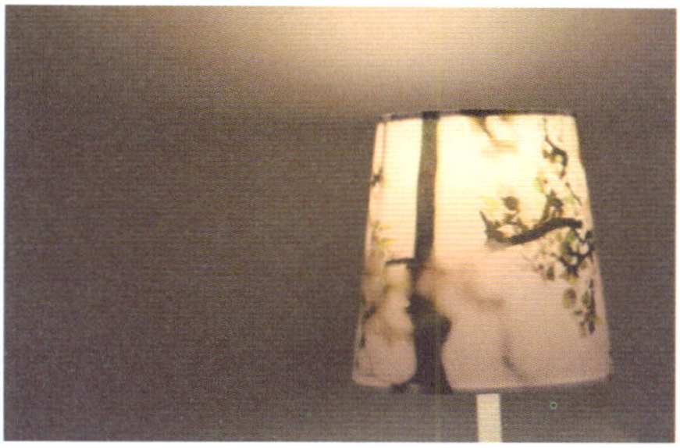

Q・你家里都放了些什么书？介绍一本？

A・家里有个书柜，里面放了很多书，有杂志、小说，摄影及设计类的书籍。最近常看的就是《滚石 30 年》。

Q・你喜欢你居住的城市吗？为什么？

A・非常喜欢。

一开始留在这个城市最大的原因是因为爱情，而现在自己真是爱上了这个地方。气候、饮食、文化……都让我无比留恋。

Q・你理想中的生活是什么样的？

A・有个书吧或咖啡店，随时可以出门旅行；或是自由摄影师，环球旅行拍摄。

Q・什么是你生活中必不可少的东西？

A・相机。

Q・在房间里你最常待的角落是？

A・沙发。

Q·一句话形容自己的性格。

A·外刚内柔。

Q·多长时间搬一次家？搬家的心情和体会？

A·现在定居在昆明，近几年应该都不会再搬家。之前生活在上海的时候倒是经常搬家，至少两年搬一次吧。搬家让人很没安全和归属感，那个时候就很想有个自己的家，不用搬来搬去的，讨厌搬家。

Q·给我们看看你的饰品。

A·其实我自己还真没什么饰品，但比较喜欢淘这些小玩意儿，这是我去大理的时候在路边摊上一件件淘回来的，虽然自己平时也不怎么戴，但看着就够赏心悦目了。

Q·你喜欢喝什么？

A·白开水，哈哈。

Q·你的钱都花在哪儿了？

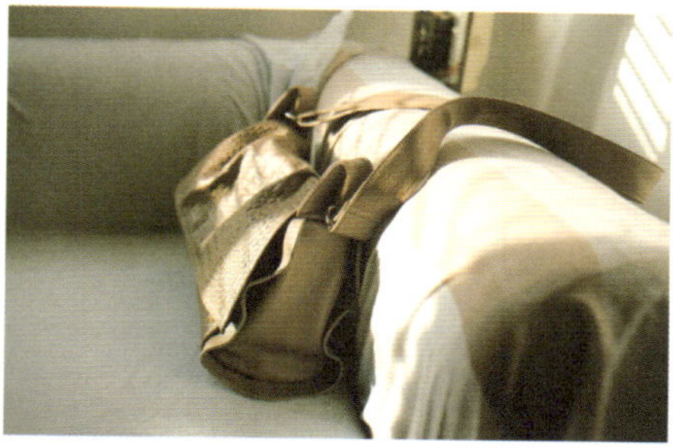

A·添置相机和镜头，好久没有打点打点自己了，不知道自己算不算懒女人……

Q·如果马上出去旅行，你会去哪里？

A·西藏，没有第二个答案了。

Q·你喜欢看什么杂志？

A·最喜欢《恋物志》。

Q·你随身背的是个什么样的包？能给我们看看吗？

A·普通的单肩包包。

Q·你的包里经常装着什么？

A·相机、手机、钱包、耳机，都是生活中常用的一些。

Q·你有几顶帽子？

A·好多帽子，这些都是。

Q·你早餐一般吃什么？

A·不吃，一觉起床常常就是午饭时间了。

Q·你有几个好朋友？你最看重朋友身上的哪

个品质？

A·五个。正直、诚信。

Q·你的面霜是什么牌子的？牙膏呢？

A·郁美净宝宝霜。云南白药。

Q·请介绍你房间里，你最喜欢的两件小东西是什么。

A·手工店里淘到的布艺小红马和瓷猫头鹰。

Q·你最喜欢循环播放哪首歌？

A·很多歌曲都喜欢，没有最喜欢哪首。

Q·多长时间做一次大扫除？

A·十天左右吧。

Q·收拾房间时，一般放什么歌？

A· 不一定啊，有的时候放着《武林外传》，有的时候放着五月天、beyond、许巍、汪峰的歌。

Q·你的伞是什么类型的？什么颜色？

A·三折格子伞。红白灰相间。

Q·你房间里最旧的一件东西是？

A·一台老式东方胶片机。

Q·你最喜欢什么味道？

A·鲜花的味道。家里也经常摆放鲜花。

Q·能推荐一部电影给我们吗？讲讲它的故事和你的评价。

A·《千与千寻》。自己都记不清看了几遍，每一回都让自己感动流泪。电影里的小千的友情、亲情，那份勇敢和坚持，让自己想起很多，又或许是想到自己吧，触

动着自己。

Q·请用一句话来描述你心中的爱情。

A·爱情，无论让自己流泪还是欢笑，我都很珍惜。我想自己心中爱情的模样，就是现在，在每一天的小生活里。

Q·你做过最疯狂的事情是？

A·违背父母的意愿来昆明追寻自己的爱情和生活。

Q·给我们介绍一件你的旅行纪念品。

A·苏州旅行时带回两只石膏兔子，可爱极啦。

Q·你养宠物吗？讲讲你和它的故事。

A·现在正在养两只小猫，白色的叫“小围脖”，因为它小的时候特别喜欢黏我，还喜欢围在人的脖子上睡觉，所以叫小围脖；黑的叫“不高兴”，从它一个多月开始养它的时候，它就老是一副不爽的样子，于是给它这个比较有根据的名字。在没有宠物之前，生活和工作都觉得很单调，现在它们两个就是我生活的调味剂，工作累了的时候就跟它们玩，绝对的放松哦。

Q·上一次和爸妈在一起吃饭是什么时候？

A·2012年3月底。和爸妈在一起的时间，越来越少，很想念他们。

Q·请用一句话来总结自己。

A·总结自己，好难啊。

Q·是什么让你选择留在这个城市?

A·因为爱情。

Q·来个自问自答。

A·如果有时光机，你会选择去你人生的哪个阶段看看，为什么?

我会选择回到童年。

小的时候跟奶奶一起在乡下生活，那个时代物质匮乏，过得清贫，却是我人生中最幸福快乐的时光。冬天和弟弟一起堆雪人打雪仗，暑假爬树捉知了，夜里捕萤火虫放进玻璃罐子，还偷偷藏在被窝里。如今奶奶已过世，但那些时光却变成我内心最美的记忆。

记事本

用心珍惜所拥有的时光，
惬意与温柔。

打扫房间的时候，找出了几十个本子。

小碎花、牛皮纸、旅行者笔记、MUJI 记事本，散落在房间的每个角落。本子和我一起生活，它们熟悉我。

逛小店，看到好看的本子就走不动道了。

用它们来写日记、记账。大多数好的本子，都用来记一些好的句子。有的用来画画，做速写本，抄手机短信，做读书笔记。有的只用来摆在那里看、抚摸，或者送给一个恋本的朋友。还有很多，就是放着，等它纸张变黄，仍舍不得在上面写一个字。

我最喜欢用白纸本，没有任何的线条。

不要太白的纸，最好是旧旧的，泛黄的。

用铅笔，或者用黑色的中性细笔在白纸本上写字，会发现自己的字比过去写得好了。

每个本子，有它专门的用处。绝对不会在上面同时做两件事，比如，又写日记，又记账。

笔尖记下故事。

那些日子，谁也无法带走。

我曾用一个本子改变了严重的拖延症。

每天要做的事情很多，当不知道从哪一件开始的时候，不知道如何管理时间时，可以让本子来帮忙。

每天写一篇，在日期后面依次写下需要完成的任务，从主要到次要。做了这件事，就会清楚地知道我每天的时间用在哪里了，而不会在不经意间浪费太多生命。

“计划”是做所有事情成功的关键。

记事本让计划用文字表现出来，梦想会具体化，执行力会提高。

它就是随身携带的“梦想”，可以随时检查，完成了就划掉一步，没完成，就继续努力。

当你空虚和想玩的时候，看看记事本。还有那么多事没做，还好意思去玩！

记事本除了可以是工作和学习的计划书，还可以是减肥和养生的计划本。

试想，如果一本子的计划，都完成了，生活会发生什么令人惊喜的变化？

房间里的温暖小时光

· 躺在床上看书，把自己喜欢的句子读出声来。

· 打开所有的窗户，风从四面八方吹来。

· 把昨天的米饭，炒成粒粒分明的蛋炒饭。

· 点上一支烟，放上那首歌。

· 有人轻揽你的腰。

· 月夜，看风摇着窗外的树梢，从没有停止过。

· 点上精油灯，让房间里充满令人迷醉的香味。

· 从手指尖触及浴缸温水的那一刻开始，整个夜晚变得轻松圆润。

· 睡到自然醒，一睁眼，看见窗台上的植物又长高了一截。

· 拿到薪水，给自己添一样小家电。

· 看着小猫从沙发上滚落下去，就觉得快乐了。

· 故意让房间乱起来，乱起来才有安全感。

· 坐在阳台上吃饭、看夕阳。

· 季节交替，不改初衷。

房东

我们一直把那个房子当作自己的家，
直到房东来电话。

和好多朋友交流过，生活在北京，最害怕的事情之一就是搬家。

我自己，基本上每次搬家前的晚上，都会大哭一场。

尽管谁也不愿意动窝，但各种搬家的理由总会自己来找你：房东毁约、工作变动、失恋、遭遇恶邻、房租到期，或者就是有朋友邀你去合住……

搬家之前，就要退房。退房，是认识房东的好时机。

在北京生活了十几年，搬家无数次，似乎没有一次房租押金是如数退还了的。

中介或者房东，总能找到各种理由来扣押金。

2005 年，我站在客厅里，看房东阿姨抱着她心爱的小狗，哄着，抖着，在各个房间里巡视，最终，在床底下的地板上，找到了一条刮痕（肯定不是我干的，我跑到床下面去刮地板干什么），然后以此为由，扣了我五百块钱。

由于厌倦了搬家，我后来在一个地方一住就是四年，房东是清华大学的教授，我们相处融洽，有时候，房东阿姨还会在电话里对我关心备至："年龄不小了，该结婚了，记住哦，结婚以后，就不要采取措施了，现在好多人想要都要不上……"偌大京城，有几个人会关心你到这个份上呢？我是真心感动了。

但不久以后，房东阿姨要毁约，她说现在房租涨得很快，尽管我们还有一年多的合约，但她希望我能搬出去，好让她把房子交给中介，租个高价。

她说，按照合同，付我一个月房租作为违约金。

可是，等我无奈地收拾完东西，交完水电煤气费，拿着钥匙，在空空的房间里等她来交接的时候，她改变了主意，眼巴巴地看着我，十分坦诚地说："回去想到这件事，如果给你这一个月的违约金，我心里就很不舒服……你能不能不要了？你看，这几年我们处得也挺好的，要不是……我也不希望你搬走……"

一个老人，就那么看着我，用近乎求人的语气跟我商量。

尽管临时搬家给我带来了很多不便，尽管被毁约也让我愤怒过。

尽管她一个电话，我就放下工作，汗流浃背地收拾了三天三夜。

但此刻，我真的硬不起来。

我答应了，

为了让一个老人心里舒服。

她不会知道，昨天晚上，我真的又哭了一场。

后来听到一个朋友说，她的房东大姐，每天下午吃完晚饭遛狗的时候，就会顺便来她家里看看，坐在沙发上主动开电视看，甚至用她的电脑，上了厕所扯好多卫生纸装自己包里，有时候还会带一个空矿泉水瓶子来，说："哎呀！没水了！"然后在她的饮水机里灌上一瓶子带走……

听她讲完，我心里舒服多了。

爱猫的人

猫越来越像你，
你越来越像猫。

做完这本书，我才发现，原来我的朋友，都是爱猫的人。

在这本书里，接受采访的好多朋友，都养过或者养着猫。说起他们的喵星人，他们总是滔滔不绝。一个再阳刚的男人，说起他的猫，一下就变得温柔，声音里全是爱，听得人快要化掉了……

我开玩笑说，你们和猫生活久了，猫越来越像你，你也越来越像猫了。

再也没有比猫更爱自己的动物了，所以爱猫的人，也会爱自己，他们洒脱、独立，令人迷恋，又不可驯服。

猫和人腻着的时候，黏着，撒娇，让人心都酥了。但当它不想和你玩时，你根本无法捉到它，即便你强行把它抱在怀里，它也会拼命挣扎，跳下你的膝盖。

小白说，我就喜欢我们家猫这个独立性，我们在同一个屋檐下生活，即便我每天养它，喂它，但它从来不因此讨好我。我也不喜欢它每天都黏着我，有时候，就喜欢你玩你的，我玩我的！

爱猫的人，好奇心重，看见什么，都会想：咦？这是怎么回事？这样的人，永远不会寂寞。

猫能够自己和自己玩上一个下午，这多么令人羡慕！

有时候，猫还会思考，独自蹲在窗前，看着外面，安静地想着什么。我总觉得，在那个小小的脑袋里，一定有我们所不能理解的深刻思想。

猫灵活乖巧，懂得照顾自己，还爱干净。它每天做伸展运动的时候，尽情的样子，让人忍不住想跟它学。

DTT 家的猫，每天都会在她下班时，守候在门后等她。它重情重义，十分有责任感。

因为养了猫，人有了照顾它的义务，给它猫粮和水，搭窝，剪趾甲。这些，猫都知道，它是和人相依相存的，它懂得人给它的爱，尽管它很独立，但绝不会忽略掉这个。

内心单纯、独立，会思考，会找乐子，重情重义……身边这些养猫的朋友，你们不知道吧！你们已经在不知不觉之中变成喵星人了！

他的房间

– 杂鱼

插画师

边走边拍的生活家。

下班以后，杂鱼喜欢拿着卡片机，在回家的路上边走边拍。

大雨之后的城市，

天更加湛蓝。

小胡同的路灯，

照亮路面。

一动不动的栅栏。

戴黑色围巾的行人。

无声划过的自行车。

公共汽车开过，灰尘腾起，散落，都能在照片里看得见。

杂鱼是我眼中的生活家。

一个男生，把家里收拾得井井有条，书都放在框里，每一本都有阅读过的痕迹。

他喜欢做饭给自己吃，时不时还搭配点自制甜品和冰饮。他的豆瓣相册里，有好多给自己做的晚餐，看他对自己那么好，真的让人好生羡慕！

热爱生活的男孩。

随意，散漫。

专注。

尽兴。

年纪轻轻，却有成熟与淡定的气质。
努力让自己过得舒服一些。
知足，就快乐。

前两天和杂鱼聊天，他说，看了《少年派的奇幻漂流》之后，最大的感想就是：
人，不能活得太舒适了，必须警醒、无畏，与自己内心的猛虎相伴。
与此同时，这个年轻人，在无条件地支持自己。
不管在外如何冲锋陷阵，回到小屋子里，也要给自己烫一壶热茶，煲一碗热汤。

Q・你住在几楼？

A・二楼。

Q・从你的房间望出去，能看见什么？

A・老旧的胡同、屋檐、招牌，还有新盖的平房，各种错中交错的凌乱，常常认为窗外的景色像极了家乡的味道。

Q・拍一张从你的窗户望出去的照片给我。

A・请看。

Q・每天在你的房间里待多长时间？

A・不定时，不会一直待在自己的房间里，会四处走动。

Q・你的工作是？

A・平面视觉设计。

Q・能描述一下你的工作程序吗？

A・1．策划设计内容。

2．构思设计概念与方向。

3. 搜寻相关设计。

4. 制作设计效果图。

5. 审核通过。

6. 细化完善，发布。

Q·除了这个，你还做过些什么工作？将来还希望做些什么？

A·1. 做过服装店店长、精品店店员、商店陈列、插画师、iPhone 手机游戏设计、产品设计、UI 设计。

2. 将来希望开间食堂或者咖啡馆，做个厨师，或者甜品师，或者生活记录师，到处游玩，到处记录生活。

Q·除了工作，你怎么打发时间？

A·在这个城市的老街小巷子里四处乱逛，四处看，四处拍拍。逛逛菜市场，逛超市，买一大堆的食材回家研究各种地方的烹饪。去电影院看场电影。和朋友们一起吃个饭，喝个茶，泡个吧，聊聊天。泡一壶茶，自己

躲在房间里看一本书，或者看几部想看的电影。整理房间。教小朋友们画画。

Q·你家里都放了些什么书？介绍一本？

A·灵修类、设计类、食物类、家具类、漫画类。

《牧羊少年奇幻之旅》《与神对话》《深夜食堂》《LIFE 家庭》《侯孝贤电影讲座》《厨神的家常菜》《家》《造型的诞生》……

《牧羊少年奇幻之旅》，一个牧羊少年因为做了一个梦，便卖掉自己的羊群去寻找宝藏，却丢掉了身上的钱财。从最开始的悲痛绝望，到在旅途中不停遇见各种各样的人，发生着各种的趣事，收获了各种感悟与体会，最终得到了那些属于自己的真正宝藏。

故事单纯纯粹，越简单的东西往往越能直击人的心扉。在某些特定的时间里，对于我而言，同样经历着寻找自己宝藏的旅程，看到了它，仿佛看到了自己。

Q·你喜欢你居住的城市吗？为什么？

A·喜欢。

这是我生活的地方，无论这座城市多么虚化绚丽，总有一大群努力奋斗并心存美好的人。

Q·你理想中的生活是什么样的？

A·简单快乐，家人朋友健康安好。

可以做自己喜欢的事，可以随心地四处旅行，拥有自己的店，与他人分享食物、电影、心情。

Q·生活里，你离不开哪三样东西？

A·美食、音乐、平常的心。

Q·怎样做会让自己元气满满？

A·给自己做一顿美食犒劳自己，或者做一顿美食与他人分享，看场轻松温馨的电影，与朋友们相聚一起。

Q·翻开你随身携带的记事本，念一段里面记的句话。

A·“尽自己所能活着，尽自己所能去帮助他人。”

Q・请介绍你房间里，你最喜欢的两件小东西。

A・环保袋，鲤鱼旗。

Q・请描述你的一天怎么度过?

A・早晨 7:20 起床洗漱整理，出发步行去公司；在公司食堂吃早餐，然后泡一壶茶，开始一整天的工作，工作，工作；晚上步行回家去菜市场买菜，做饭，看看电视，刷刷微博；洗澡完，看部电影，或者看会儿书，做些想做的事；最后，晚上 11 点关灯睡觉。

Q・用一句话形容自己的性格。

A・心存赤子，随遇而安 。

Q・十年前的你，现在在做什么?

A・在学校的操场蹦跶。

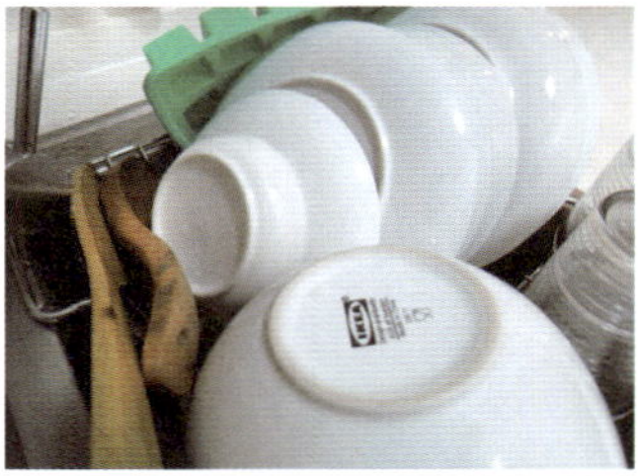

深夜食堂

MUJI
Xmas
MUJI
Xmas
MUJI
Xmas
MUJI
Xmas

深夜食堂
LIFE
家庭味

FRIDAY

Q·在房间里你最常待的角落是？

A·房间中央的地板。

Q·你早餐吃什么？

A·一碗馄饨、一个油饼、一碟青菜。

Q·你最擅长做的一道菜是？能分享一下过程吗？

A·蛋烧。

1．在碗里打三个蛋，放两勺白糖、半勺盐巴、一勺清酒，搅拌。

2．平底锅放入黄油烧热，倒入薄薄的鸡蛋摊平。

3．熟了往里卷起，然后再倒入鸡蛋，卷起，依次倒入，卷起。

4．起锅，去掉头尾，完成。

Q·你喜欢喝什么？

A·冰的清茶。

Q·一个人的时候，你最专注做得最久的事情是什么？

A·1．去市场买菜，回家做饭。常花好几个小时，跑遍几个市场把需要的食材备好，然后回家准备整理食材，料理，最后精心摆盘，拍照，差不多一整天就都过去了。

2．坐在电脑前，静静地画一天的画。

Q·如果马上出去旅行，你会去哪里？

A·想去尼泊尔，顺道去泰国，然后去印度。

Q·你多长时间换一次发型？

A·一个月理一次发。

Q·你随身背的是个什么样的包？能给我们看看吗？

A·黑色的双肩包。

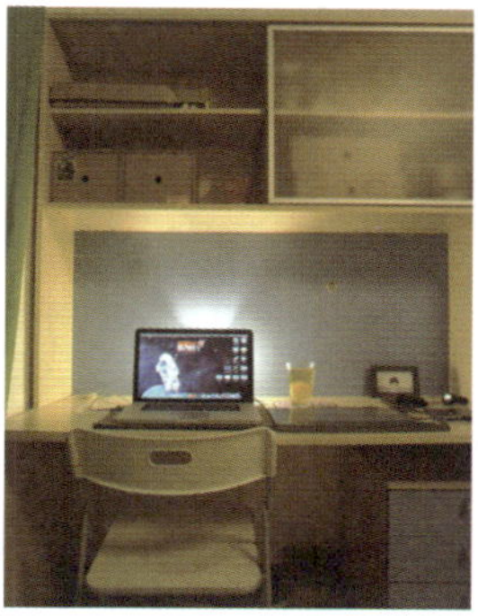

Q・你的包里经常装着什么?

A・电脑、相机、笔记本、充电器、雨伞、购物袋。

Q・你手机的彩铃是什么歌?

A・嘟……嘟……嘟……(没有彩铃)

Q・你的钱都花在哪儿了?

A・吃,生活用品。

Q・今年初的计划,现在实现得怎么样了?

A・挺好的,一切都按着自己想要的进行着。

Q・你最喜欢的季节是?为什么?你喜欢在这个季节做什么?

A・春天。

万物复苏，有新生的感觉，而且天气不是特别热，或者特别冷。
四处乱晃，出游野餐，拍照。

Q・你最讨厌的季节是？怎么度过？

A・夏天，尤其夏秋交替的过渡，又闷又热，尽量少出去，出去了尽量去有空调的地方，怕热，讨厌浑身湿答答的黏稠感。

Q・一句能给你带来正能量的话。

A・“FOLLOW MY HEART.”

Q・说一句你的家乡话，我们好猜出你是哪儿的。

A・哇噶你恭啦。

Q・晒一张你小时候的照片吧。

A・右边那个。

Q・你最喜欢的一间咖啡馆是？

A・32how.

Kodak
36
200
ColorPlus
GAME BOY COLOR
TINTOY
DRIVER
5
imaginota

Q・你做过最疯狂的事情是？

A・在厦门上完最后一天班，然后背着背包带着行李，和家人与朋友道别后，坐上了三十六个小时的火车去北京，然后在这陌生的城市里，陌生的公司里，开始新的旅程。

Q・你有几个好朋友？你最看重朋友身上的哪个品质？

A・三个好朋友。

为人正直、仗义、善解人意，困难时候总能出手相助，快乐时总能相互分享。

Q・给我们介绍一件你的旅行纪念品。

A・在去往青朴修行地时，遇到一位当地的老奶奶，很喜欢她手中的木镯子，可惜当时没有向她询问，至今回想仍有遗憾。

Q・生活中，你的压力大多来自于？

A・大多来自工作上的压力、居住环境的变迁、中介的无良，或者经济上突发的

事情，都会让人紧绷起情绪。

Q·请说说你最喜欢的一句歌词。

A·“我很爱哭，抬头挺胸坐着，让泪水尖叫安心地哭，包围我们的世界，是一棵树。”

Q·多长时间做一次大扫除？

A·一个星期。

Q·最喜欢什么动物？为什么？

A·北极熊。

因为它拥有白色的巨大身躯，可以保护一切，抱在一起又很温暖。

Q·活到现在，你最大的人生感悟是？

A·顺着你的心走，无论什么，只要是你自己的选择，去做就好。

Q·你房间里最旧的一件东西是？

A·康泰时 T2 相机。

Q·你最喜欢什么味道？

A·刚洗完澡，或者洗完头后，散发出的清香，很舒服。

Q·说说你养过的宠物。

A·大学时养过一只小蝴蝶犬。它生病了，一个星期后就死去了，我难过很久。

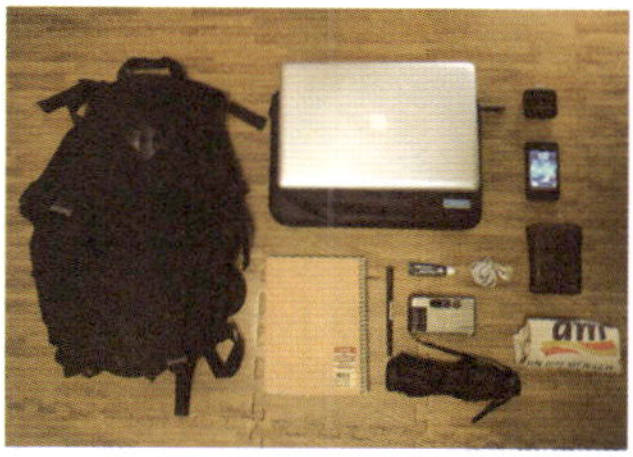

Q·能推荐一部电影给我们吗？讲什么的？你的评价是？

A·《大鱼老爸》。

一个美丽的亲情童话。父亲爱德华年轻时，很爱给年幼的儿子讲自己的传奇经历。他自称在阿拉巴马旅行时，经历过很多光怪陆离、魔幻荒诞的事情。可是他的儿子并不相信，觉得是父亲虚荣和浮夸，父子关系渐渐疏离。直到父亲得了癌症，不久于人世了，儿子才决定回去见父亲最后一面。

儿子面对病榻上的父亲时，父亲又开始说他早年的经历：他曾经为了离开小村庄去大城市闯荡，在途中遇到巫婆和巨人，还一起去了幽灵庄，再后来，认识了一个神奇的马戏团演员、一个亚洲艺人、一条怎么也抓不到的大鱼，还有怎样跟母亲一见钟情，定下终身……从父亲病弱的气息里，儿子仿佛领悟到以前从来没有过的感受，也许父亲的叙述有修饰的成分，但在他的心中，那些经历到生命的最后一刻仍然充满激情和想象，而父亲终于在儿子的理解和深爱下闭上了眼睛。

很久以前买的DVD，过了好几年才无意翻出看看。看完时泪流满面，第一次发现父亲是那么温暖的角色，虽然我们都不会轻易说出我们的爱。

Q·请用一句话来定义你心中的爱情。

A·能顺其自然地相爱，能彼此互相尊重，开开心心地在一起。

Q·你觉得人生最难的两个字是？

A·重新。

Q·当生活遇到困难和低谷时，你会怎么做？

A·让自己安静下来，一个人好好地待着，去思考。然后去找朋友们倾诉，从他人的温暖中摄取正能量。

Q·有没有一句话，让你热泪盈眶过？

A·“别等了，她不会回来了。”

Q·请用一句话来总结自己。

A·“你的旅程通往无何有之乡，在旅程中寻找自己的心，自然而然！”

Q·你最近写过什么？留下一段，什么都行。

A·人生就是不断地放下，终究会学着放下自己。每个人心里都会有不一样的理解与情感去处理不一样的事，梦幻、残酷，但凡是你选择面对的，都好。挺欣赏老虎没有与派最后一别，现实有时候出乎你想象的残酷，也出乎你想象的美好，心存纯真与期望，才能对抗整个人生旅程中所有的磨难，活着就好！《少年派的奇幻漂流》。

Q·说说你最难忘的一次旅行。

A·2010年独自去西藏，在旅途中遇到了很多好玩有趣的人与事。

出发时遇到了好几年未有过的台风，飞机、汽车都停运，只能换坐十四个小时的火车到广州，然后接着坐五十八个小时的火车去往西藏，在路过广阔的可可西里时看到日出，激动得不行。

在去往青朴修行寺的山路时，遇到曾经是老大的修行者，他也在等待有缘人，让我深有感触。

随心而遇的开心。

在纳木错的时候，看了日落日出，最后老天还送给我一个礼物——一场大雪，这让南方的孩子激动到不行。

Q·是什么让你选择留在这个城市?

A·会有更多的机会，让自己有更大的成长空间。

Q·来个自问自答。

A·Hi，你喜欢现在的自己吗?

喜欢，但是如果能再瘦一点的话就更好了。

YONG CAFE
Kaffee
Cappuccino
Caffe

烟酒销售
& Tobacco
方方食品店

发呆

发呆是没有任何理由的行为。

发呆是一种幸福感。

原因是，那一刹那的忘我。

很多时候，往往发了呆之后才发现自己发呆了。至少在那一小段时间之内，这世上真没有什么要紧事！

我是一个爱发呆的人，随时随地，都有可能“呆住”。

从清晨的床沿开始，往往就在穿了一只袜子之后，或者吊着一只秋裤腿，突然就发起呆来。

还会对着卫生间洗手池里的旋涡发呆。

对着电脑显示器发呆。

对着月亮发呆。

夏日午后，懒懒地晒太阳，看着窗外发呆。

盯着某个人脸上的痣发呆。

坐在飞机里发呆。

对着一棵植物、一杯白水发呆。

还在家乡的时候，对着火盆里跳动的炭火发呆，温暖又惬意。

离开家以后，一次又一次地在黑夜的长途车里发呆，身体转移，内心入迷。

寂寞时对着烟圈发呆。

挖鼻孔或者掏耳朵里的东西时发呆，也很爽。

发呆是没有任何理由的行为。

你根本不知道它会什么时候发生。

阳光、音乐和耳塞是最佳的发呆辅助工具，

咖啡馆、屋顶和天台是文艺作品里出现最多的发呆场所。

但现实是：人在大便时才是发呆最多的时刻。

我也喜欢看那些发呆的人。

在火车上，在图书馆里。

或者公共汽车上，一个人拉着吊环，看着窗外，他的眼神告诉我，他呆了。

在酒吧里、聚会中，也有很多人发呆。人越多，越吵，他们越容易被认出来。

小时候，我父亲时不时在回家脱鞋那一刻，突然坐那儿一动不动，我母亲就会笑他：你又出神儿了！

我弟弟小时候发呆，不知不觉，就会流出口水。

其实动物也爱发呆，尤其是猫和乌龟。

我们咖啡店里养的那两只乌龟，伸长脖子，在阳光下趴着一动不动，我就知道它们很享受！

发呆并不意味着内心空洞，相反，我认识的爱发呆的人，往往都是敏感丰富的人，在生活里思维敏捷，善于言辞。智者爱发呆，一个人发呆，世界片刻静默。时间流过，刹那的忘我，可以消融尘世的疲劳和浮躁。简短地呆了过后，他又是新的一个人。

发呆很妙，大家继续。

在他/她的歌声里

"情潮若是汹涌，谁又能够从容，轻易放过爱的影踪……"
——林忆莲《野风》

听歌会上瘾的。

有那么几首歌，听了好多好多年。

每天大量的声音从耳际涌过，像一条大河，把这些老了的歌冲到了不起眼的岸边。

所以，不会动不动就想起它们。它们经常是在被遗忘的状态。

只会偶然地碰到它们。

在记忆的河岸行走，会突然把它们捞起，如音乐盒慢慢响起，往日重来，萦绕耳际。

然后就像着了魔一般，单曲循环，不停地听。情不自禁。

好听，是因为熟悉，是因为必有往事和这歌声有联系。你能循着他们的歌声，摸到时间之线，寻到"当时的我"和一场从来不需要想起、永远也不会忘记的事。

把记忆当柴，用歌声做火。

安静的，旧旧的，

在单曲循环中取暖。

岁月是一个音乐盒。

当歌声来了，

你是时光中的一个旅行者，一个访客。

触摸往昔，和它对话。

情歌里，有太多的问号。
听过了这么多年，终于知道：
这些问题，
没有解答。

有人对往事的味道有瘾。
单曲循环，你无法放弃旧的所爱。

单曲循环，是只愿独享的。
沉浸其中。
听……
不要去想。
想，心会痛。
因为：
最难的一件事，其实叫忘记。

我的单曲循环：

《那一场风花雪月的事》周治平
《只有你》黄绮珊
《寂寞公路》伍思凯
《野风》林忆莲
《无法逃脱》指南针乐队
《心痛的感觉》苏芮
《问》李宗盛

以温柔优雅的态度生活

你有什么样的态度，
就有什么样的生活。

- 别羡慕别人，也有人想成为你。
- 不要期待人人都喜欢你，别在意他们怎么看你。
- 及时享用你所拥有的时间。
- 不要处心积虑，一切顺其自然。
- 不要过分关心自己，把心向整个世界敞开。
- 沉默是金。
- 最好的年龄，永远是现在。
- 生活的真相是平凡。
- 珍惜与你爱的人相处的时光。
- 一个再平凡不过的人，在自己的房间里，也可以当上国王。
- 何以解忧，唯有工作。

· 勤能补拙。

· 你所要为之努力的，不应该是给别人看的那些。

· 放任恶习，它就会变成自然。

· 一心一意做好当前的事。

· 让自己的需求适可而止，就能活得轻松自由。

· 和快乐的人交往，你也会变得快乐。

· 多看到别人的优点，就会有很多人喜欢上你。

· 换位思考，最能解决烦恼。

· 别人没有你想象得那么快乐，你也没有你自己想象得那么糟糕。

· 只要持续努力，运气就会变好。

· 不要为还没发生的事情痛苦。

· 相由心生，好好关照自己的内心。

· 宽容与忍耐，这是修养。

· 慢下来，生活才更有意思。

· 感受幸福，而不是比较得失。

· 没有过不去的事情。

光脚

喜欢光脚的人，
都有一颗赤子之心。

一束灯光洒在舞台上，乐声响起，一个六十岁的女人站在舞台上唱歌。

她，几十年如一日，光着脚唱歌。

西莎莉亚·艾芙拉是我很喜欢的音乐人，硬朗的眉角，满头辫子，穿着长裙，因为她在舞台上演出不穿鞋，所以被称为“赤脚天后”。

喜欢她，不仅是因为她无与伦比的嗓音，还有她的“赤脚”态度。

我相信，她发出的每一个震撼人心的声音，都跟她脚下的感受有关。

脚踏实地才是最接近自我的表达方式。

光脚，包含了很多的内容。

它是挣扎与解脱，是自由与享受。

喜欢光脚的人，都有一颗赤子之心。

他们在复杂的世界中，固执地坚持着自己的个性。

拒绝舒服，拒绝包装，坚持用最简单的方式表达自我。

我喜欢一切喜欢光脚的人。

在北方生活，有一个最好的地方，就是冬天有暖气，四季在家都可以不穿鞋。

劳累了一天回到家里，脱下袜子，轻轻松松，终于可以把脚从密不透气的鞋袜中解脱出来。

地板有丝丝凉意，沁人心脾。

踩在地板上，脚步轻缓，尽情接触亲切的、自由自在的、真实的生活。

女友爱来家里做客，她穿一条裙子，或者麻质的七分裤，把小腿裸露出来，充满慵懒和优雅的特别韵味，看她走在地板上，有一种别样的洒脱感觉。

夏天，我们喜欢光脚盘腿在地上听音乐，还喜欢躺在地板上聊天。太阳照在地板上。

客人光脚，是一种轻松自在的状态，说明她对你没有任何防备。而且，脚需要足够漂亮才敢露，敢光脚的女人，有足够的自信。

光着脚是那样的舒服。

曾经有人问我：你那么爱光脚，不怕脏吗？

回答是：脏了就洗喽。

喜欢爱光脚的人，他们所追求的是身心自由。

她的房间

– 吴含

音乐人

站在大街唱歌的女子。

这是一本讲房间的书，但吴含传给我的房间的照片最少。但没关系，我能理解，因为她在流浪中。

吴含喜欢唱歌，在大学一年级的时候就不想上学了，她打算以唱歌为生。这个想法遭到了所有亲人的反对，他们轮番上阵劝说她，但吴含拉着大人的手，说：你们爱我，不如就试着相信我。

对能不能真的以唱歌为生这件事，她自己也不是没有过怀疑和自我否定。

但是在反复地怀疑和坚定地去做之后，她的内心变得更加完善强大。

她做到了，并且生活得还不错。

在去大理之前，她生活在西北宁夏。在干燥寒冷的北方小城，她住在一个白天都拉着遮光窗帘，晚上才拉开帘子能从落地窗看见星星的房间里。那个小房间有一整面墙的书和 CD 架，还有一架黑钢琴，一个火烧石大书桌，电脑里装满了小众电影，一个个被写满了诗和歌词的笔记本散落在各个角落……

除了出去唱歌的时间，其他时候她几乎都待在这间屋子里，楼下就能买到新鲜的蔬菜，她喜欢自己弄点清淡的吃。

然后突然有一天，她想走出这间屋子，想上路去，过点不一样的生活。

于是，她就拉开门背上琴走了。

在参加完一个山谷音乐节之后，她漫游到了大理，并在那里停留下来。

生活一下变得不一样了。

海、天、山，还有阳光，从黑暗的小屋走出来的女孩子，一下进入了广阔天地。

大理有好多热爱自由的人们，她经常和他们聊天到凌晨4点，即兴创作民族实验音乐，交流思想。然后在回家的路上，走进刚开门的包子铺，买一个热气腾腾的香菇包子，或者早上9点骑两个小时单车去喜洲吃个中饭，买两个破酥粑粑再骑回大理古城；或在半山的一个朋友家的院子里炖条鱼，炒几盘从菜地拔的新鲜有机青菜，她似乎有用不完的精力。

高兴了，她会和其他音乐人站在大街上唱歌。

周末，她背着竹篓去市集，买一罐新鲜的蜂蜜，老板会请她吃两块蜂巢。

在市集里，红糖被做成砖块或碉堡，各种绿色的蔬菜，香菇们都是水嫩嫩的一大朵，包浆豆腐是很脆弱的果冻状。买完，背着竹篓回家，一路都觉得好幸福。

到大理以后，她写了好多歌，没有停止过练琴，手指头感觉灵活了不少。

我问：你幸福吗？

她说：我得继续努力。

Q·你现在住在哪里？住在几楼？

A·住在大理，朋友家的院子，一层。天气好时坐在院子里的大“禅床”上，放好音乐看看书。

Q·从你的房间望出去，能看见什么？

A·一边是窗外的床榻和院子里的几棵竹子，一个石头砌的鱼池，一边是开放式纯露天的洗手台、马桶以及浴室。

Q·每天在你的房间里待多长时间？

A·十九个小时的样子，睡觉、听音乐、看书、弹琴、看电影，还有在大本子上写写画画。

Q·为什么决定离开家乡？

A·其实我在家乡的生活也不错——每天工作四小时，做着热衷又擅长的事，月薪可观，能轻松满足各种生活消费，还能够攒下钱来“讨好”爸妈和购置音乐设备。

一切都很好。

但有一天睡醒喝粥的时候，突然决定要去大理生活，我把它解释为“命运的安排”。

Q·去了大理以后，生活有什么变化？

A·每天不再是单纯地重复，每天都在观察和思考，人变得正面阳光起来，爱上了晒太阳和散步，每天穿宽大的棉麻衣裤也很享受。

Q·你对现在的生活满意吗？

A·精神丰满，灵感充沛，眼界开阔，内心平静，朋友亲密，吃穿不愁，很满意。

Q·你现在的工作是？

A·酒吧的驻唱歌手，人民路的职业“巡街”，因为每天要来回好几趟人民路，只是为了走一走。

Q·能描述一下你的工作程序吗?

A·每周四天，在“九月”弹琴唱歌一小时，结束就跟去那里的认识不认识的朋友们一起聊天。“九月”是个酒吧，大理以及全国的各路人才鬼才都会不定时地在这里出现，交流音乐游记或者八卦琐事，聊开心了还能喝到各种私房煮酒。大家还会一起“进城”——去下关看看电影，顺便带上一瓶黄酒回来传递着喝。

Q·请描述你的一天怎么度过?

A·中午起床，熬个粥，烫点青菜，搭配着我调配的“秘制变态辣酱汁”吃个火辣辣的午餐，或者炒一锅饵块，看着朋友们辣到流泪。

然后喝个茶，看十几页书，开始练琴。

若不想一个人待着，就去找一个开咖啡馆的朋友聊天、喝咖啡，或者在路边转悠晒太阳，随便消磨整个下午。

晚饭通常和朋友们一起喝点小酒，9 点开始唱歌。

晚上回到家，会看电影，有灵感就坐在地毯上写歌。

Q·除了这个，你还做过些什么工作?将来还希望做些什么?

A·第一份工作是在大型超市里做市场调查，拿只录音笔去竞争超市扫不同种类的产品价格，下午将数据录入电脑，对比并产生数据。

从这以后我就开始唱歌了。

还曾在某电台做DJ，主持一档六点半的音乐节目。我放给大家听的歌都是一些在国内电台很少听到过的，独立、trip-pop、电子、摇滚，什么我都敢放，在节目的尾声还会现场弹唱一首歌，很好玩。

将来，就好好做音乐，去更多的地方体验生活喽。

Q·除了工作，你怎么打发时间？

A·我很喜欢喝酒，是资深女酒鬼。

Q·你家里都放了些什么书？介绍一本？

A·《祖与占》《床笫之间》《最初的爱情 最后的仪式》《中性》《后友》《简明哲学辞典》*Tuesday The Rabbi Saw Red*《先知》《二十首情诗和一支绝望的歌》《吉檀迦利》。

每个人，在不同的时期都会产生不同的困惑，建议去细细翻阅体悟纪伯伦的《先知》，相信会让你的内心变得更加清澈平静。

比如：
不要用秤来衡量你的未知的珍宝，
也不要用杖竿去探测你的知识的深浅。
因为自我乃是一片无边无际的海。
——论自知

Q·你喜欢你居住的城市吗？为什么？

A·非常热爱大理。

每天看着苍山洱海，一年常有耀眼阳光。

有真诚的人际关系，更有许多有思想的音乐人文化人，来这里以后眼界开阔不少。

Q·你理想中的生活是什么样的？

A·定期发表自己新的音乐作品，不时做些艺术节演出或专场，其余时间走走世界的各个角落。

Q·生活里，你离不开哪三样东西？

A·吉他、书、本子。

Q·请介绍你房间里，你最喜欢的两件小东西。

A·1. 一本从旧书店淘来的莫泊桑的《后友》，上海译文首版。

在西安的一家旧书店遇到的。夏天在旧书店那一排排高耸着的书架间来回穿梭半小时，沾满一身尘土味，刚出门要离开，就发现店门口老板乘凉的桌上放着一本《后友》，抱起来翻看，呆了半晌后以十五元买下，拿着书头也不回地快步往前走，真怕老板想起什么反悔不卖。书是竖版的繁体，更神奇的是，每隔二十几页就夹着一只蝴蝶标本，简直美极了，扉页上用钢笔简洁地书写着“范丹图书 1987 年”。

我总在想，这会是一个怎样的姑娘，每只蝴蝶似乎都欲说还休地保护着她的秘密，这是一本带着深深爱意的书。

2. 右手食指的月光石戒指。

我是银饰控，尤其热衷收集戒指。

有一次，这枚戒指顺着房间浴室洗手台的管子掉下去，当时我都傻了，必然是认为没希望再见到它了。然后我的一个朋友跑到楼下房间和住客商量好，把楼下浴室的吊顶打开，在里面一个管子的角落处帮我抠了出来，我当时真哭出来了。

那画面简直不可想象，他一个人踩着梯子爬进一个阴暗潮湿的地方，凭感觉扭开管子某接口，伸手进去摸戒指，就好像《猜火车》里男主角钻进马桶一样的奇幻，当时我觉得这好像一种什么征兆之类的，后来这戒指就一直戴在手上。

Q·一句话形容自己的性格。

A·直爽霸气，性情中人。

Q·十年前的你，现在在做什么？

A·初二学生，学了一年竹笛，刚考过九级。看各种小说，听王菲、孙燕姿、Nirvana 和 Linkin Park，同班有个黑黑的男生喜欢我，无下文。

Q·在房间里你最常待的角落是？

A·床榻边的地毯上，后背刚好靠着床。

Q·你喜欢喝什么？

A·葡萄酒、爱尔兰咖啡、红茶。

Q·一个人的时候，你最专注做得最久的事情是什么？

A·看书、看电影、弹琴。最猛的一次是，一天一夜没睡觉把一本书看了三遍。

Q·如果马上出去旅行，你会去哪里？

A·罗马、印度。

Q·你多长时间换一次发型？

A·一直是长发，除了小学一、二年级是短发，后来就没怎么换过，不爱烫染，一直处于最自然的状态。

Q·你随身背的是个什么样的包？能给我们看看吗？

A·一个小黑帆布双肩包。

Q·你的包里经常装着什么？

A·本子、笔、ipod classic、iPhone、iPad、中型抽纸一包。

Q·你手机的彩铃是什么歌？

A·“嘟嘟嘟”。

Q·今年初的计划，现在实现得怎么样了？

A·一直想要办一个自己的专场，唱自己的歌给朋友们听，再把之前的作品录几首刻碟相赠，这两件事都实现了。

Q·一句能给你带来正能量的话？

A·“我相信你。”

Q·说一句你的家乡话，我们好猜出你是哪儿的。

A·会克孬了水。

Q·你有几个好朋友？你最看重朋友身上的哪个品质？

A·两个。

一个是从幼儿园就认识的。

另一个认识了三年，却相见恨晚。

Q·在近期，你打算去做的一件事？

A·自己动手做把 Lyla 琴。

Q·现在就想见的人？

A·现在想见见十年后的自己倒是真的。

Q·请说说你最喜欢的一句歌词。

A·“不要问我从哪里来，我的故乡在远方。”

Q·多长时间做一次大扫除？

A·没有固定时间，大概十天一次。

每次做最彻底的大扫除，都是因为某样东西找不到了。

Q·最喜欢什么动物？为什么？

A·纯黑色的猫，院子里刚好有一只，叫尚尚，兼备黏人与独立。它又安静又干净，想和它玩的时候还总是很配合。

Q·活到现在，你最大的人生感悟是？

A·艺术家的使命不是向绝望屈服，而是找到一方解药，来对抗存在的虚无。我努力做到。

Q·你房间里最旧的一件东西是？

A·妈妈的衣服。在大理认识一个姐姐，她建立了一个“121 助学活动”，我就让家里寄来些我小时候的衣服和书，我妈收拾了三十五斤的大包裹，我在整理的时候发现里面有件她的衣服，橘红色的短外套，许多颗金色纽扣。记得以前她给我讲过这件衣服，是她刚上大学，我爸追她的时候穿的，我没舍得捐，就留下来了。

Q·你最喜欢什么味道？

A·安静空气里的泉水味道。

Q·能推荐一部电影给我们吗？讲讲它的故事以及你的评论。

A·*Into The Wild* 中文译为《荒野生存》。

这部电影是根据真实故事改编的，讲了一个前程似锦的美国青年放弃工作金钱，身无分文前往阿拉斯加去拥抱大自然的故事。

影片中男主角 Alex 排斥任何与物质有关的事，他不想与人类共同生活，一心想要体验生存在荒野里那种极端的自由，或是极端的孤独。

他的信仰是：“快乐不是来源于人与人之间的关系，上帝将快乐放置于我们周围每一件事当中，人们灵魂的精髓来源于新的经历。”

但是在他的整段旅途中，遇到的形形色色的人群中，几乎包含所有种类的人与人之间的关系。于是最后的最后，已经皮包骨头的 Alex 用尽最

后一点力气在纸上写下“Happiness only real when shared（唯有分享才是真正的幸福）”，流下最后的两行泪。

这句话取自托尔斯泰的《家庭幸福》。

Q·请用一句话来定义你心中的爱情。

A·如兄、如师、如父。

Q·你觉得人生最难的两个字是？

A·自由。

Q·你做过最疯狂的事情是？

A·Vodka 的故事。想到这儿我都笑了，哈哈。

2008 年，我第一次喝洋酒，和我一个很好的朋友，当时面临着痛苦的退学事件，家里的压力加之内心的挣扎，心情很混乱。于是那次在喝了第一杯 bourbon whiskey 后，我开始一杯接一杯地喝 Vodka，把那家店所有品牌所有口味的 Vodka 都实实在在地喝了一遍，大概有二十多杯的样子，记得最清楚的是喝到一杯辣椒味的 Vodka，喜欢得很，然后就晕晕地回家睡了。

第二天也没宿醉，年轻真好，哈哈哈。

Q·当生活遇到困难和低谷时，你会怎么做？

A·遇到低谷，就不去想太多，把自己隔离一下，吃顿大餐看个大片，让一切顺其自然。

遇到困难，就把线头找到，一点点去解开就好了，就是要勇敢地直面问题。

Q·有没有一句话，让你热泪盈眶过？

A·花儿总是表里不一，而我太年轻了，不知道该怎样爱护她……

——《小王子》

Q·请用一句话来总结自己。

A·潜水钟与蝴蝶共同生长在我的身体里。

Q·说说你最难忘的一次旅行。

A·2012 年 7 月 4 号。

我从自己的房间出发去参加某山谷音乐节的演出，随后便继续开始我的巡游生活。

我钟爱与陌生城镇的相遇柜爱。

在大理落脚的那刻起，便再没想着要离开。

这疆域是一个发光的磁场，吸引着处在同一频率里的人们，并促成他们之间的默契、灵感以及各种碰撞。

大理有着最真切的阳光，那光看得透你每一个细胞。

初到大理，我住在一家很自由人文的青旅。青旅老板是个经常做着跟各路神仙们畅谈聚会梦的四十多岁男性，胖。他专门为有志文艺好青年腾出一间免费六人宿舍，以支持理想建设和音乐创作，每天还免费吃着质量不断提升的员工餐，地道美味的云南本地菜，一个月的时间就害我长不少肉。

人民路有我的好心情，日出跟日落，雨水或风吹，晴空的串门闲逛，入夜的奇妙音乐。云和光变着花样玩弄着你的想象力，小店和路边摊总有个会拉你去他家吃饭的笑得可爱的老板，摆摊者贩售着自己的手工制品和世界各地的有趣物件，连啤酒都有个美妙的名字——风花雪月。所以，新大理居民总会很容易被辨认，因为脑袋和眼睛是上下看不够、左右顾不及的。到大理已有近六个月，人民路上的人都成了熟人，摆摊开店的都成了朋友，时不时走动一下，带去一束花一瓶酸奶，再一起吃个私房火锅或油泼面，这类的事总是那么奇妙暖心。

Q·是什么让你选择留在这个城市？

A·大理，人类之间的温暖与亲切。

Q·来个自问自答。

A·你现在心里在想什么?

我得继续努力。

Q·给我们看两段你写的文字吧，什么都行。

A·

记梦一

这里一直在下雨/而昨晚我出现在萨比娜工作室的盥洗/ 在空城中游荡并偷走青梅酒和玫瑰酒各一桶/吹着箫就飞上了中东丘陵土黄的天

记梦二

惊醒慌忙爬起床/午后两点整/骑上单车直奔机场/途中停在儿时常路过的巷子看时间/两点四十的飞机在我面前我的脚边闷吼着起飞/我抓紧悬在半空的斜坡的栏杆以防被吹走/是掐时间赶到的/可飞行员不愿载我/他说我不够单纯不够真切/我转身退了机票离开/住进一幢深蓝色带星光的房子里/窗外是海/争吵哭闹拥抱

好性格的多肉植物

和其他植物不一样，
多肉植物需要你“狠下心”不浇水。

多肉植物是一群好玩的家伙。

样子可爱，性格强健，随遇而安。

它们还有其他名字：多浆植物、肉质植物。

它们属于仙人掌科，但没刺。

名字来源，是因为它的茎、叶、根肥厚多汁。看上去胖乎乎、圆滚滚的，十分可爱。

装修布置得再好的空间，时间久了，也会变得枯燥和乏味。多肉植物，是抗击疲劳的利器！

它小小一点，形态各异，生机勃勃。

月兔耳、琉璃莲、玉树、姬红小松、黑珍珠、虹玉、姬雨露、千代田之松、静夜、芙蓉雪莲……光名字，就已经足够美。小小的多肉、厚实的充满浆汁的叶片上有白色的小绒毛，再搭配一个陶瓷的小杯子小碗，让人爱不释手。把各种各样的多肉植物养在家里，搭配小小的花盆、花铲、小碎石，就像拥有一个萌萌的趣味农场。

养多肉植物，一个最大的优点就是，它不需要你太多的照顾！不需要频繁浇水，不用太多操心，最适合懒人。

我曾经因为出门旅行前忘记给它们浇水，在路上一直很担心它们。

但是当我回到家以后，发现，它们不但没有死掉，反倒长大了好多！

于是，一下又对这些不起眼的小生命，有了更多的好感。

它们是防辐射的好帮手，最适合放在电脑旁边。

有时候看电脑看久了，就看看它们，马上就感到放松和愉快，眼睛也不会那么累了！

我最喜欢一种叫碰碰香的多肉植物。它和所有的多肉一样，贪恋阳光，所以，经常把它带到阳台上去玩。

长着胖嘟嘟的小叶片，还带一点小绒毛，用手指摸一摸，叶片会点点颤动……

只要你摸了它，神奇的事情就发生了！小东西马上就会散发出一种像薄荷一样的香味，让你忍不住，一闻再闻……

它们，有时就像你那种容易被人忽视的、不起眼的、容易害羞的朋友。

它们外表普通，内心丰富，性格独立，容易满足，晒点阳光就很快乐。

当你领略到它的可爱，就很难再离开。

放在阴凉环境里，少浇水，一次浇透，时不时晒晒太阳，善待它，这就是养好多肉植物的所有秘诀。

善待，就是养了它，就一定要好好对它。

多么简单！

心安之处是我家

后记

清心，悦然。

不管我们在哪里漂泊，
不管是住在什么样的地方，
身体找到了窝了，就要给心安下家来。

安心，就是拥有从容的心境，诚恳地对待自己，不“作”自己，也不折腾别人，过好平凡的生活。

安心的人，不会总去想：如果我能再瘦些，如果再漂亮些，如果再多挣点钱……他会平和坦然地接受不完美。珍惜现在的分秒年月。更好的生活，不会出现在明天，它就在现在。

生命容易耗费，青春流逝太快。
不要让成千上万的无聊小事，夺走时间。

保留一颗赤子之心，尽量真实地做自己。

每天收拾完房间，顺便打扫一下自己的心境。
布置一个家，不一定需要花好多钱。比如，从路边捡一些鹅卵石回来，随意扔在窗台边，就会有很好的装饰效果。同样，想过得幸福，也不需要做什么特殊的事情，只需要你用心去体会。

生活，需要勇气和毅力。
伤了喝酒，倦了喝汤。
遇见什么不顺了，一定要想："不会永远这样！"

善待一切重要的和美好的。
清心，悦然。

再多励志的语言，都比不上这四个字：
好好生活。